ZHINENG BIANDIANZHAN JIANKONG XITONG

SHUZIHUA YUNWEI JISHU SHOUCE

智能变电站监控系统

数字化运维技术手册

国网浙江省电力有限公司 编著

企业管理出版社
EMPH ENTERPRISE MANAGEMENT PUBLISHING HOUSE

图书在版编目（CIP）数据

智能变电站监控系统数字化运维技术手册 / 国网浙江省电力有限公司编著 . -- 北京：企业管理出版社，2024.4（2025.3 重印）

ISBN 978-7-5164-2935-8

Ⅰ . ①智… Ⅱ . ①国… Ⅲ . ①变电所—智能系统—电力监控系统—电力系统运行—技术手册②变电所—智能系统—电力监控系统—维修—技术手册 Ⅳ . ① TM63-62

中国国家版本馆 CIP 数据核字（2023）第 186421 号

书　　名：智能变电站监控系统数字化运维技术手册
书　　号：ISBN 978-7-5164-2935-8
作　　者：国网浙江省电力有限公司
责任编辑：刘玉双
出版发行：企业管理出版社
经　　销：新华书店
地　　址：北京市海淀区紫竹院南路17号　　邮　　编：100048
网　　址：http://www. emph. cn　　电子信箱：26814134@qq.com
电　　话：编辑部（010）68701661　发行部（010）68701816
印　　刷：北京亿友数字印刷有限公司
版　　次：2024年4月第1版
印　　次：2025年3月第2次印刷
开　　本：710mm×1000mm　1/16
印　　张：11印张
字　　数：157千字
定　　价：68.00元

编委会

/ 前 言 /

变电站二次系统是变电站的核心组成部分，变电站二次系统的日常运维直接影响整个变电站的安全可靠运行。随着电网快速发展、设备规模大幅增长、技术不断升级，电网设备安全运行风险和压力与日俱增，现有变电站监控系统运维管理模式已难以满足公司发展战略和电网安全运行要求。优化变电站二次系统运维模式、发挥运维工作核心支撑力量，对保障新业态下电网安全健康运行有着十分重要的意义。

为深化变电站监控系统数字化赋能，助力公司生产体系实现"两个替代"，提升智能变电站监控系统数字化运维管控水平，切实为生产一线班组人员减负，国网浙江省电力有限公司主导开展了智能变电站监控系统数字化运维技术研究。公司坚持"需求导向"原则，以"资源整合、数据挖掘、业务支撑"为抓手，通过二次设备运维管控平台建设和监控系统现场运维功能提升工作，推动二次专业管理与生产核心业务由数字化到智能化跃变，实现二次专业工作更安全、更自主、更高效的目标。

本书结合浙江电网智能变电站监控系统数字化运维技术研究成果，深入介绍智能变电站二次设备运维管控体系架构与功能；对监控系统运维提升功能及技术方案进行了详细阐释，包括一键重命名、联闭锁可视化、一键顺控操作票不停电校验、二次设备状态全面巡视、一二次设备状态监视、保护差流巡视等功能，并附有每项提升功能的应用案例，有助于相关专业人员理解和掌握变电站监控系统数字化运维技术，从而提升变电站二次系统运维管控水平。

　　本书由国网浙江省电力有限公司组织编写，在编写过程中得到了北京四方继保自动化股份有限公司、南京南瑞继保电气有限公司、国电南瑞科技股份有限公司、国电南京自动化股份有限公司、许继电气股份有限公司、长园深瑞继保自动化有限公司等厂家技术人员的大力支持，在此谨向参与本书编写、研讨、审稿、业务指导的各位领导、专家和单位致以诚挚的感谢！限于编者水平，疏漏之处在所难免，敬请读者提出宝贵意见。

编写组

2024年1月

/ 目 录 /

第一章

概述

变电站是电力系统实现电压变换、电能分配与传输控制的重要设施，由一次设备与二次系统组成。变电站二次系统实现对一次设备状态的监视、测量、保护和控制等功能，主要包括变电站计算机监控系统、继电保护及安全自动装置、时钟同步装置、同步相量测量装置等设备。随着自动化技术的发展和智能变电站的推广应用，变电站二次设备技术得到了快速提升。

智能变电站遵循 IEC 61850 系列通信标准，采用先进、可靠、集成、低碳、环保的智能设备，以全站信息数字化、通信平台网络化、信息共享标准化为基本要求，自动完成信息采集、测量、控制、保护、计量和监测等基本功能，并可根据需要支持电网实时自动控制、智能调节、在线分析决策、协同互动等高级功能。智能变电站监控系统采集站内一二次设备运行状态信息，通过标准化接口与输变电设备状态监测、辅助应用、网络通信记录分析装置等进行信息交互，建立了变电站全景数据采集、处理、监视、控制和运行管理的自动化体系架构。

变电站二次系统是变电站的核心组成部分，变电站二次系统的日常运维直接关系到整个变电站的安全可靠运行，传统的运维模式已经难以满足当前数智化运维要求。智能变电站中，二次设备以标准的方式建模和通信，实现了站内信息的交互共享，为智能变电站二次系统运维方式的改变和提升提供了技术基础。

第一节

智能变电站监控系统架构与运维现状

一、智能变电站监控系统数字化运维架构

智能变电站监控系统采用"三层两网"结构，包括过程层、间隔层和站

控层三层，逻辑上由三层设备及站控层网络、过程层网络组成。

过程层设备包括电压/电流互感器、合并单元、智能终端等与一次设备相关联的设备，用于实现变电站二次设备模拟量采样、开关量输入和输出、操作命令的发送和执行等相关功能。间隔层设备主要包括继电保护装置、测控装置、故障录波装置、同步相量测量装置、网络记录分析仪及稳控装置等。间隔层设备处于过程层和站控层之间，收集对应间隔过程层设备发送的实时数据信息，通过网络传输给站控层设备，同时接收站控层设备发送的指令，实现实时运行数据和操作命令的上传下达。站控层设备主要包括监控主机、数据通信网关机、数据服务器、综合应用服务器、同步相量测量等。站控层设备提供变电站设备运行的人机交互界面，完成对间隔层和过程层设备数据的统计、分析和管理，实现全站设备的监视、控制、预警，并实现与上级调度中心的信息交互。

变电站网络在逻辑上由站控层网络、过程层网络组成。站控层网络包括MMS、GOOSE、SNTP 等多种数据传输规约共网运行，实现全站数据传输的数字化、网络化和共享化。过程层网络包括 GOOSE 网和 SV 网，GOOSE 网用于间隔层和过程层设备之间的状态与控制数据交换；SV 网用于间隔层和过程层设备之间的采样值传输。

（一）通信标准

智能变电站中，统一的通信标准是实现全站信息数字化、通信平台网络化信息共享标准化的基础。国际电工委员会颁布的 IEC 61850 通信标准，是电力系统自动化领域唯一一个全球通用标准，提供 MMS、COOSE、SV 三类通信服务，满足了智能变电站工程运作的标准化要求，使智能变电站的工程实施实现规范统一和透明。IEC 61850 通过一系列规范化约束，使各个设备能够形成规范的数据输出，进而实现不同厂家设备之间的互操作和信息共享。

IEC 61850 面向变电站工程对象建模，使得监控系统在结构、通信、连接以及工程应用方式等方面更易于标准化。采用过程层光纤网络和智能组件的方式，简化了现场二次回路，提高了系统运行可靠性和基础数据共享的能力；标准化的 MMS、SV、GOOSE 网络通信，更利于系统的功能配置以及设备的兼容扩展、维护，且更容易接入新的高级应用，逐步实现新的系统功能。

（二）模型配置

智能变电站使用 SCL 作为配置语言，SCL 是 IEC 61850 采用的变电站专用描述语言，基于 XML 1.0。它采用可扩展的标记语言描述变电站 IED、变电站系统和变电站网络通信拓扑结构的配置。基于 SCL 语言，在智能变电站不同实施阶段形成的模型配置文件包括 ICD 文件、SSD 文件、SCD（Substation Configuration Description，系统配置描述）文件、CID 文件等。

二、智能变电站监控系统数字化运维现状

计算机技术、信息技术的发展为智能变电站运维方式的改变和提升提供了新的方法和思路，也为全面对二次设备进行状态监测提供了数据基础。通过对全面状态监测信息进行数据挖掘和分析，可实现二次设备运行状态的在线监测和智能诊断，为二次设备运维提供辅助决策。

但目前智能变电站二次系统的运维管理模式依然与传统的综合自动化变电站无异，主要表现为人工经验型、检修周期型的模式，运维管理模式及配套支撑技术未能随着智能站自动化设备技术的进步而革新。例如：二次设备的运行状态监视以人工巡视为主，不但效率低下，且巡视质量无法保证；变电站间隔联闭锁验证、一键顺控操作票验证需要在一次设备停电的情况下进行，一个间隔的改扩建可能需要全站停电；数据通信网关机每一个参数的改变都需要到变电站现场修改，增加了运维人员的工作量，而且容易出错。二次设备运维管控业务尚未建立全方位的、科学的运维管控体系，严重制约了智能变电站二次设备运维管控水平的提高。

第二节
智能变电站监控系统数字化运维管控提升措施

随着电网技术快速发展、设备规模大幅增长、技术不断升级，电网设备安全运行风险和压力与日俱增，现有监控系统运维管理模式难以满足公司发展战略和电网安全运行的要求。优化变电站运维模式，发挥运维工作核心支撑力量对保障新业态下电网安全健康运行有着十分重要的意义。

一、智能变电站监控系统数字化运维提升需求

智能变电站监控系统数字化运维当前面临以下问题。一是缺乏对二次设备版本、定值、虚回路、光纤回路、二次安全操作、软硬压板等的有效运维技术支撑平台，增加了变电站运维、检修及改扩建的不可控性，存在二次设备误操作、误接线、误设置等情况，关键设备及其回路发生缺陷时无法快速定位诊断，不能满足运维人员快速应急抢修需求。二是缺乏对二次设备上送的数据信息进行有效的分析，无法对设备的隐性故障进行预警，尤其对于关键的控制操作失败，往往只能在事后进行问题排查，不利于监控系统的稳定运行。

智能变电站监控系统数字化运维提升，围绕"远程代替就地，数字代替人工"技术路线，提出实际需求。一是建设二次设备运维管控平台，基于多源数据实时监测与设备状态自检信息，推动二次设备集中监视、统一管控，实现设备状态全过程渗透，设备隐患早一步感知，设备故障智能化排查。如通过设备版本及定值管控、设备运行工况监测，虚回路监测、压板智能巡视、冗余数据（信息）比对技术等，开展设备运行分析、趋势研判、异常预警处置，提升设备运行可靠性，提高监控系统对电网运行的支撑能力。二是提升监控系统现场运维功能，基于监控系统智能化应用升级，以数字化手段代替人工模式，克服传统运维操作工作量大、安全措施复杂、工作时间长等缺点。

如借助一键重命名、智能对点、联闭锁逻辑可视化、一键顺控不停电校验等监控系统智能化应用，提升监控系统现场作业效率与安全性。

二、智能变电站监控系统数字化运维提升措施

通过构建二次设备运维管控系统与提升监控主机运维功能，有效提高现场作业效率，降低现场作业安全风险，增强设备运行管控能力，实现监控系统数智化运维。

（一）构建二次设备运维管控系统

智能变电站二次设备运维管控系统依托智能变电站全站 SCD 文件构建二次设备的运维管控模型，通过对二次设备的全景建模技术，实现对二次设备的配置数据和运行数据的管控。系统在线获取并综合分析智能变电站二次设备配置数据、运行关键信息，实现对智能变电站二次设备台账、设备模型、定值、版本、配置文件及业务功能等重要数据及状态的主动监视、版本管控、业务功能预试、网络分析预警、缺陷管理、设备状态评价等功能，并应用可视化技术对各类功能的分析结果进行全景综合展示。

智能变电站二次设备运维管控系统的建设，为二次设备的在线监视和智能诊断提供了高效、安全的数据支持，为智能变电站监控系统就地与远程运维提供了技术手段。

（二）提升监控主机运维功能

1. 一键重命名

变电站监控系统修改间隔名称是变电站日常维护中一项常见的工作，命名修改涉及数据库、一次接线图画面、一体化五防、操作票、报表等。采用一键重命名技术，以监控数据库作为修改源头，同步全站 SCD 文件，通过串行序列方式进行其他工程模型及参数配置的修改，实现全站一处修改重命名，全局生效的效果，可有效降低间隔名称、调度编号修改工作的安全风险，大幅提升现场工作效率。

2. 联闭锁逻辑可视化

联闭锁逻辑可视化功能基于实时数据库，以图形、符号等形式直观展示一次设备联闭锁逻辑规则和计算结果，有效提升变电站联闭锁逻辑展示的逻辑完整性和结构可理解性。借助该工具可对全站联闭锁逻辑进行可视化快速仿真验证，提升联闭锁逻辑验收工作效率。

3. 一键顺控操作票不停电校验

一键顺控操作票不停电校验采用镜像库模拟验证方法，在镜像数据库中模拟顺控票执行全流程，实现不停电验证顺控操作票逻辑和遥控控点关联关系。该方法不影响正常运行监视，有效降低了一键顺控改造工作的安全风险，同时大幅提升一键顺控改造的现场工作效率。

4. 二次设备状态全面巡视

二次设备状态全面巡视功能采用主动巡视的方式，依托监控后台实现巡视功能，巡视项目包括装置通信状态、光字牌、软硬压板、保护差流、定值区、设备对时、自检信息等。该功能为变电站常规巡视提供了极大的便利，为运行人员展示全方位的巡视结果，可大幅提高巡视效率。

5. 一二次设备状态监视

一二次设备状态监视及软压板智能巡视功能按照"状态感知、逻辑判断、结果输出"的系统架构，通过采集的一次设备和二次设备状态信息，判断当前保护及安自装置的状态是否满足一次设备状态的要求，以实现电网一二次设备状态与保护及安自装置软压板的自动核对，为变电人员的日常巡视及专业巡视提供了有力辅助工具。

6. 保护差流巡视

保护差流巡视功能充分利用采集的保护差流信息，在监控后台设置合理的最大差流允许值（运行监视阈值），当保护差流达到最大差流允许值时及时为运行人员展示差流巡视结果，推送差流越限信息，防止事故进一步扩大。该功能为变电站常规保护差流巡视提供了极大便利，保证了电力系统的稳定和巡视人员的人身安全。

智能变电站监控系统运维功能的提升，优化了变电站二次设备运维模式，进一步支撑了核心班组能力建设，提升了变电运维人员的状态感知、缺陷发现、主动预警、风险管控和应急处置能力，对保障电网安全运行、满足数字化／标准化建设等管理需求具有十分重要的意义。

## 第二章

二次设备运维管控系统

二次设备运维管控系统（以下简称"系统"）基于智能变电站"三层两网"架构，依托智能变电站全站 SCD 模型文件构建自动化设备、网络通信拓扑模型，实现智能变电站自动化设备及网络环境的在线实时监视和运维管控。运维范围包括监控主机、数据通信网关机、测控装置、保护装置、交换机、时钟同步装置、网分装置等设备。

系统由部署在调度端的主站和部署在变电站端的子站组成。主站部署在调度、集控端，通过调度数据网与子站实时通信，实现变电站二次设备的运行监视、巡视预警、远程运维、配置管控、状态评价、台账管理等功能。子站指部署在变电站监控系统站控层的运维网关机，实时采集变电站二次设备运行数据，实现变电站二次设备的运行监视、巡视预警、就地运维、配置管控、状态评价、台帐管理等功能。系统采用统一的数据模型及通信协议，灵活支持设备信息模型及业务功能扩展，提供便捷的可视化展示手段，满足电力二次系统安全防护的相关要求。（如图 2-1 所示）

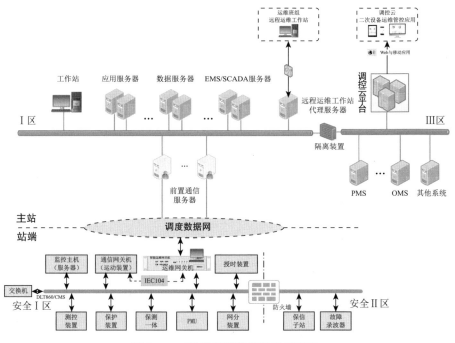

图 2-1　二次设备运维管控体系架构

第一节

基础平台设计

平台软件框架采用开放共享架构，基于边缘计算框架和容器化技术，实现软硬件之间、功能模块之间解耦，支持业务 APP 化扩展。通过开发和部署 DL/T860、IEC60870-5-104、IEC60870-5-103、CMS 等电力系统标准规约 APP 接入各类自动化设备的状态信息，同时支持各设备厂家开发专业运维业务 APP，通过私有协议接入更为丰富的数据开展深度运维，从而实现全景感知、智能诊断、可靠运维和在线管控等功能。主站平台可以和 EMS、集控、调控云等系统进行数据交互，并将相关运维信息或诊断结果发布至移动终端。

基础软件平台采用层次化设计，分为设备接入层、核心处理层、业务应用层。设备接入层部署设备接入和数据采集功能，提供标准数据接口和数据接入应用开发 SDK。用于数据接入的 DL/T860、104、MQTT、Modbus 以及装置私有规约等设计为独立 APP，可统一由主站向子站部署。核心处理层部署数据访问、数据存储、设备注册管理、内部服务总线等功能，基于 profile 的元数据认证机制和数据清洗，满足海量元数据的高效处理需求；并基于微服务技术，为业务应用 APP 提供广域动态部署数据流驱动能力。业务应用层部署上线接入管理、资源调配、容器部署、APP 管理等，支持运维应用 APP 灵活部署。业务应用层接入主站的协议遵循 GSP 作为管理规约，DL/T634.5104、电力通用服务协议等作为业务规约；与设备接入层类似，面向主站的数据接入规约也作为独立 APP，由业务应用层提供统一管理。主站端部署管理模块，实现对运维网关的统一远程管理，包括网关机及其运行的运维业务 APP 的运行状态监测、远程安装部署等。（如图 2-2 所示）

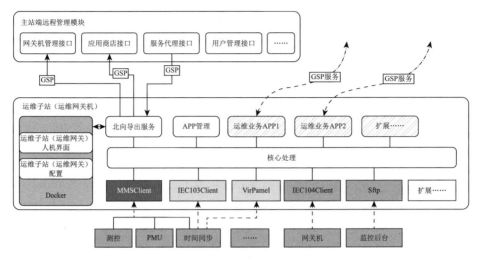

图 2-2 运维基础软件平台层次划分

一、边缘计算技术

边缘计算指在靠近物或数据源头的一侧，采用集网络、计算、存储、应用核心能力为一体的开放平台就近提供最近端服务。应用程序在边缘侧发起可产生更快的网络服务响应，满足行业在实时业务、应用智能、安全与隐私保护等方面的基本需求。

边缘计算具备四个能力与关键技术。一是建立物理世界和数字世界的连接互动能力与技术。通过数字孪生，在数字世界建立起对多样协议、海量设备和跨系统的物理资产的实时映像，了解事物或系统的状态，应对变化改进操作和增加价值。二是模型驱动的智能分布式架构与平台技术。在网络边缘侧的智能分布式架构与平台上，通过知识模型驱动智能化能力，实现物体自主化和协作。三是开发与部署运营服务框架的能力与技术。开发服务框架主要包括方案的开发、集成、验证和发布；部署运营服务框架主要包括方案的业务编排、应用部署和应用市场。开发服务框架和部署运营服务框架需要紧密协同、无缝运作，支持方案快速高效开发、自动部署和集中运营。四是边缘计算与云计算的协同能力与技术。边缘侧需要支持多种网络接口、协议与拓扑,业务实时处理与确定性时延,数据处理与分析,分布式智能和安全与隐私保护。云端难以满足上述要求,需要边缘计算与云计算在网络、业务、应用和智能方面进行协同。

在变电站自动化设备运维过程中,边缘计算技术可以帮助监控设备运行状态,诊断故障原因。智能变电站二次设备运维边缘计算体系如图 2-3 所示,通过在变电站端部署运维网关作为运维子站,采集自动化设备的状态数据,进行数据分析和处理,对设备的健康状况进行实时监测,诊断设备故障;通过云端的运维主站,结合物联网和大数据技术,对设备进行预测性维护和预警管理。

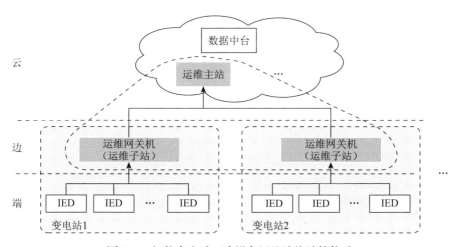

图 2-3　智能变电站二次设备运维边缘计算体系

边缘计算技术具体的实现依赖于边缘计算框架。边缘计算框架具备灵活、轻便、智能、可扩展等特点,可以接受来自多种设备的实时数据,通过算法引擎进行数据处理与分析,支持边缘推理和边缘训练,为用户提供智能决策和预测。基于边缘计算平台,可以在变电站的二次设备上实现实时的数据处理和分析,提高设备的自主运维能力,实现更加智能化的设备管理,边缘计算平台可为变电站自动化设备运维提供技术支撑。

运维系统涉及的边缘计算框架如图 2-4 所示,分为系统硬件基础和软件基础、平台核心、平台服务及平台容器化应用四个层次。边缘计算框架硬件采用通用工业控制计算机，部署 Docker 类容器管理工具和数据库，作为边缘计算微服务框架和容器化应用的基础。平台核心层提供的标准化服务接口，可以解决开发和部署容器化应用过程中存在的各类问题，如不同的连接协议、广泛分布的计算节点的安全性和系统管理以及接入设备的多样性等。平台服务层提供通用的基础类服务，例如文件服务、实时数据服务和历史数据服务等，为上层容器化应用服务提供通用功能支撑，实现个性化服务与通用服务的解耦。上层平台容器化应用分为驱动容器应用和服务容器应用，通常驱动容器应用是用于将设备的数据传输、信息采集、控制指令等通过容器内的驱动程序实现与上层应用系统的通信；服务类容器应用更注重数据处理、统计分析等综合运算功能，用于实现变电站自动化设备运维的核心运维业务。

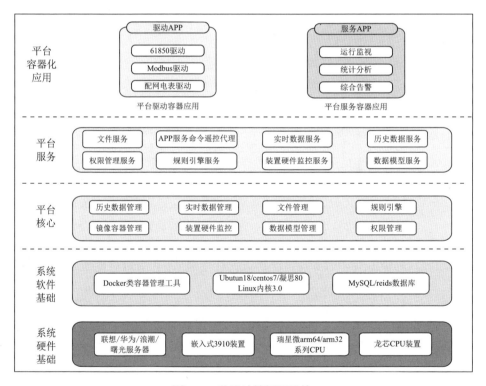

图 2-4　边缘计算框架结构

二、微服务及容器技术

微服务是将单个应用程序开发为一组小型服务的软件架构方法，架构中的服务是围绕业务功能构建的，还可以通过全自动部署机制独立部署，每个服务使用不同的编程语言和数据存储。微服务技术具有扩展容易、部署简单（更新和回滚）、高重用性、高弹性等优点。变电站运维网关采用微服务框架设计，各服务之间互相协调、互相配合，服务和服务间采用轻量级的通信机制，既可以保持独立性，又可以在低耦合的情况下完成数据交互。

容器技术是一种虚拟化技术，其主要原理是在操作系统层面对硬件资源进行虚拟化，将一个物理服务器在操作系统层面划分为多个虚拟化的容器，从而实现资源的隔离、业务的部署。运维网关中的业务部署采用了容器技术，设计开发各种应用 APP，为每个 APP 配额 CPU、内存及持久化存储，不同的业务应用程序会被打包到不同 Docker 容器中运行，彼此独立。

运维网关微服务总线及容器化 APP 框架如图 2-5 所示。

边缘应用服务层包括运维网关接入主站平台的管理、应用资源的调配、容器部署和 APP 管理等功能，各种业务 APP 就运行在该层。运维网关提供标准的 RESTful API 交互接口来实现各种协议和边缘计算软件的 APP 化，将软件封装为满足边缘计算平台约束的 Docker 镜像。可由边缘计算平台启动、配置、停止。边缘计算平台再通过管理通道与主站交互 APP 的管理数据，从而实现 APP 的远程部署及管理。APP 与边缘计算平台之间通过 profile 文件配置运行所需参数及交互数据，从边缘计算平台获取运行数据，并将计算处理结果反馈至边缘计算平台。边缘计算平台通过对 profile 文件的实例化进行目录共享、数据输入、数据输出、运行参数、

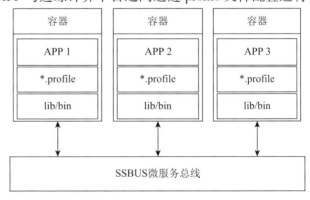

图 2-5　边缘网关微服务总线及容器化 APP 框架

通信规约等资源的关联配置，从而支撑 APP 实现各种应用功能。首先根据 APP 功能构造 profile 文件，配置 APP 需要从（Service Support Bus，SSBUS）微服务支持总线获取的数据、APP 运行处理输出的结果、APP 运行过程中使用的参数以及 APP 提供的功能和相应功能的协议和接口定义描述。其次编写 APP 所要实现业务逻辑的程序代码。最后编译 APP 程序代码并通过打包工具将 APP 主程序、profile 文件和所依赖的库文件打包成 Docker 镜像。边缘计算平台启动 APP 时给 APP 设置内存和 CPU 限制，APP 以 Docker 容器方式运行，实现 APP 间以及 APP 与网关间的隔离。

三、业务 APP 及设备在线注册技术

运维业务 APP 及自动化设备在线注册指系统运行过程中，运维网关上运行的运维业务 APP 及连接的自动化设备可以实现即插即用、安全校验、版本管理和在线升级，并且在主子站之间可以同步共享这些信息。其原理是在运维网关上设计一个 APP 管理的微服务，该服务对网关上运行的所有 APP 进行统一管理，包括 APP 安装、启动、停止、升级、卸载等，主站可通过 APP 管理微服务进行运维业务 APP 的远程快速部署和功能扩展。

运维网关和业务 APP 接入主站按即插即用、审批上线思路设计。将主子站间的数据通信分为管理数据和业务数据，设计不同的通道接口。管理数据指运维网关、自动化装置和 APP 的接入管理，以及对部署在运维网关上的 APP 进行安装、升级、状态查询、定值下发、日志召唤等管理操作所交互的信息。管理服务通道如图 2-6 所示，传输的数据包括设备上下线、APP 镜像下发、APP 控制、设备和 APP 状态等各种管理信息，用来实现 APP 的管理和信息同步。运维网关上所运行 APP 和所对接二次设备依据管理服务通道定义的接口和设备上下线流程，从主站侧可动态管理设备及 APP 的上下线，即实现设备及 APP 即插即用式接入和主子站之间的信息同步。

运维网关接入后，主动发布消息上线。设备上线的同时主动上送业务数据及服务交互接口定义文件，主站根据接口定义解析业务数据报文，实现业务数据自动交互。安全性方面，在连接阶段增加用户和设备身份认证，对用

户和设备的合法性进行确认，同时可通过传输层和应用层增加控制报文和内嵌应用数据的完整性校验，保证数据传输正确，防止篡改。

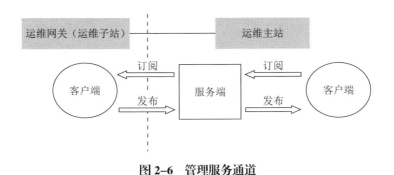

图 2-6　管理服务通道

业务 APP 及设备上线的流程如图 2-7 所示，网关上电后定时向主站发起上线请求消息，首次"上线"请求到达主站后需要人工确认审批网关基本配置信息（包括 SN、IP、PORT 等），审批通过后主站接入网关，并分配设备 ID。之后网关接入的装置及 APP 按照类似流程完成接入，主站为每个设备和

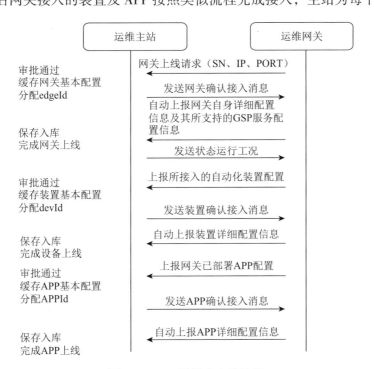

图 2-7　APP 及设备上线流程

APP 也分配唯一的 ID，网关收到主站下发的接入确认信息后主动向主站发送自身的详细设备配置和所支持的业务相关服务配置，实现网关服务的自描述，主站再根据运维网关支持的服务与运维网关进行业务数据的交互。

第二节
运维信息模型构建

SCD（Substation Configuration Description）是 DL/T 860 定义的描述智能变电站一次设备、二次设备配置的文件，可描述全站所有 IED 的实例配置和通信参数、IED 之间的联系信息以及变电站一次系统结构，是描述智能变电站系统、拓扑、设备与功能的唯一模型和配置源，但 SCD 模型文件并不能完全满足设备运维要求。

运维信息模型在符合 DL/T 860 规定的 SCL 建模标准的基础上，基于智能变电站 SCD 模型，从设备与业务两个方面，构建适应设备监视与运维的自动化设备运维模型 MSCD 文件（变电站运维配置描述文件）。

一、运维信息建模

MSCD 模型文件中应包含运维网关机、测控装置、通信网关机、时间同步装置、PMU、交换机、网络报文记录分析装置、服务器类设备的设备模型，以及一次系统规范文件（SSD）、远动配置描述文件（RCD），同时利用运维网关机 IED 模型对遥测遥信多源校核、遥控回路异常诊断等运维报告信息进行逻辑建模，支撑运维业务主子站协同交互。

运维信息模型 MSCD 文件生成流程如图 2-8 所示。

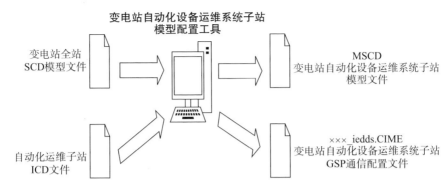

图 2-8　运维信息模型 MSCD 文件生成流程示意

MSCD 模型文件组成如表 2-1 所示。

表 2-1　MSCD 模型文件组成

模型名称	建模方式	说　明
远动信息	RCD 文件	远动配置描述文件（Remote Configuration Description, RCD）采用 E 格式描述及 UTF-8 编码方式，后缀名为 rcd，后缀统一采用小写英文字母。RCD 文件命名为［变电站名］_［通道名］_［序号］.rcd，通道名标识连接转发通道，如转发国调、网调、省调、地调及省备调等。RCD 文件至少包括基本信息、版本信息、合并信号信息、遥测转发信息、通信转发信息、遥控转发信息及遥调转发信息等内容，RCD 文件应满足如下要求： a）每个远动通道对应一个 RCD 文件； b）同一变电站的 RCD 文件引用的 SCD 文件版本信息应一致； c）同一变电站的 RCD 文件的合并计算参与量及合并计算生成量信息应一致
通信网关机	SCD 模型文件	—
测控装置		
授时装置		
网络交换机		
二次虚回路		
站控层和过程层网络拓扑		
服务器类设备	SNMP 代理的装置 MIB 管理信息库（MIB）	按照 DL/T 860 规范要求构建服务器类设备 IED 模型
一次系统	由 SCD 模型文件关联建模	由 SCD 模型文件导入间隔信息

二、虚端子标准化

智能变电站以少量的光缆取代了大量的电缆，有力推动了变电站二次设备数字化、网络化进程。但是电缆数量的减少并不意味着工作量的减少，硬件回路的简化增加了装置对信息数字化、网络化的依赖，在工程实际应用中逐渐暴露出一些问题。虚回路设计数量多且复杂，一个220kV变电站虚回路的数量就以万计，而虚回路大多由手工配置，工作量巨大且效率低，回路的准确性难以得到保证。二次设备基于GOOSE、SV技术实现装置间的高速通信，其信号（虚端子）关联依赖系统配置文件SCD。但系统配置文件是基于XML语言的复杂计算机语言，配置过程复杂，难以掌握，从而给智能变电站带来很多运维问题，比如装置消缺离不开厂家、间隔扩建修改母线保护配置需要停电传动、配置文件不受控不校核。

随着智能变电站建设规模不断扩大，改扩建工程需求不断涌现，变电站二次设备配置正确性验证工作量大、安全风险大、实施困难，因此在变电站规划初期就应考虑减少配置文件对二次设备的影响。免配置技术可由二次设备自身实现信息的交互，消除虚回路配置对设备的影响，保证信息输入输出和信息交互的正确性，最终实现二次设备的即插即用。因此，为了减少现场运行检修工作量、降低风险、提高可靠性，有必要实现智能变电站免配置技术。

智能变电站免配置技术需要两方面的支撑：设备功能完备性和通信回路标准化。通信回路标准化是免配置的基础，设备功能完备是免配置的保证。开展智能变电站虚端子标准化工作，可以将各厂家二次设备个性化的通信接口进行统一，以明确的规则规范连接关系，从而可直接取消通信的人工配置工作，实现装置之间通信的即插即用，最终推动实现智能变电站调试运维的安全效率双提升和不依赖外部厂家的自主可控。

近年来，我国变电站标准化设计规范日趋完善，为提高二次设备标准化水平，国家电网有限公司及中国南方电网公司已经发布了保护、测控、智能终端、合并单元等二次设备的标准化设计规范，规范了设备的技术原则、设计准则、信息规范及虚端子等，这些规范为智能变电站虚端子标准化的实现奠定了基础。

在现有标准规范的基础上，对各设备制造商装置的 GOOSE 和 SV 虚端子信号进行标准化设计，明确信号的引用路径和信息描述，规定发送和订阅虚端子的信号内容和顺序，规范虚回路关联关系，可实现虚回路的标准化，为变电站工程化应用、显性运维、智能校验夯实基础。虚端子标准化信息如图2-9所示。

	数据属性	浙江标准名称	数据属性	浙江标准名称	所属设备
110kV合智1一体装置					
	订阅设备		发布设备		
	RPIT/GOINGGIO1.SPCSO1.stVal	远方复归	PIGO/GOGGIO1.SPCSO1.stVal	合智1远方复归	
	RPIT/GOINGGIO1.SPCSO2.stVal	母线闸刀操作允许	PIGO/CIL02.EnaOp.stVal	母线闸刀操作允许	
	RPIT/GOINGGIO1.SPCSO3.stVal	电机电源操作允许	PIGO/CIL03.EnaOp.stVal	电机电源操作允许	
	RPIT/GOINGGIO1.SPCSO4.stVal	线路闸刀操作允许	PIGO/CIL04.EnaOp.stVal	线路闸刀操作允许	
	RPIT/GOINGGIO1.SPCSO5.stVal	线路压变闸刀操作允许	PIGO/CIL05.EnaOp.stVal	线路压变闸刀操作允许	
	RPIT/GOINGGIO1.SPCSO6.stVal	开关母线侧地刀操作允许	PIGO/CIL06.EnaOp.stVal	开关母线侧地刀操作允许	
	RPIT/GOINGGIO1.SPCSO7.stVal	开关线路侧地刀操作允许	PIGO/CIL07.EnaOp.stVal	开关线路侧地刀操作允许	
	RPIT/GOINGGIO1.SPCSO8.stVal	线路地刀操作允许	PIGO/CIL08.EnaOp.stVal	线路地刀操作允许	
	RPIT/GOINGGIO1.SPCSO9.stVal	线路压变地刀操作允许	PIGO/CIL09.EnaOp.stVal	线路压变地刀操作允许	
	RPIT/GOINGGIO1.SPCSO10.stVal	断路器分	PIGO/CSWI1.OpOpn.general	断路器分	
	RPIT/GOINGGIO1.SPCSO11.stVal	断路器合	PIGO/CSWI1.OpCls.general	断路器合	
	RPIT/GOINGGIO1.SPCSO12.stVal	母线闸刀分	PIGO/CSWI2.OpOpn.general	母线闸刀分	
	RPIT/GOINGGIO1.SPCSO13.stVal	母线闸刀合	PIGO/CSWI2.OpCls.general	母线闸刀合	
	RPIT/GOINGGIO1.SPCSO14.stVal	电机电源分	PIGO/CSWI3.OpOpn.general	电机电源分	110kV线路测控
	RPIT/GOINGGIO1.SPCSO15.stVal	电机电源合	PIGO/CSWI3.OpCls.general	电机电源合	
	RPIT/GOINGGIO1.SPCSO16.stVal	线路闸刀分	PIGO/CSWI4.OpOpn.general	线路闸刀分	
	RPIT/GOINGGIO1.SPCSO17.stVal	线路闸刀合	PIGO/CSWI4.OpCls.general	线路闸刀合	
	RPIT/GOINGGIO1.SPCSO18.stVal	线路压变闸刀分	PIGO/CSWI5.OpOpn.general	线路压变闸刀分	
	RPIT/GOINGGIO1.SPCSO19.stVal	线路压变闸刀合	PIGO/CSWI5.OpCls.general	线路压变闸刀合	
	RPIT/GOINGGIO1.SPCSO20.stVal	开关母线侧地刀分	PIGO/CSWI6.OpOpn.general	开关母线侧地刀分	
	RPIT/GOINGGIO1.SPCSO21.stVal	开关母线侧地刀合	PIGO/CSWI6.OpCls.general	开关母线侧地刀合	
	RPIT/GOINGGIO1.SPCSO22.stVal	开关线路侧地刀分	PIGO/CSWI7.OpOpn.general	开关线路侧地刀分	
	RPIT/GOINGGIO1.SPCSO23.stVal	开关线路侧地刀合	PIGO/CSWI7.OpCls.general	开关线路侧地刀合	
	RPIT/GOINGGIO1.SPCSO24.stVal	线路地刀分	PIGO/CSWI8.OpOpn.general	线路地刀分	
GOOSE开入	RPIT/GOINGGIO1.SPCSO25.stVal	线路地刀合	PIGO/CSWI8.OpCls.general	线路地刀合	
	RPIT/GOINGGIO1.SPCSO26.stVal	线路压变地刀分	PIGO/CSWI9.OpOpn.general	线路压变地刀分	
	RPIT/GOINGGIO1.SPCSO27.stVal	线路压变地刀合	PIGO/CSWI9.OpCls.general	线路压变地刀合	
	RPIT/GOINGGIO2.SPCSO1.stVal	110kV线路保护跳闸			
	RPIT/GOINGGIO2.SPCSO2.stVal	保护跳闸2			

图2-9　虚端子标准化信息图

虚端子标准化实现了通信接口的"航插化"，理清了设备之间的虚端子接口，使原来杂乱无章的虚端子连接形成固定的虚端子对应顺序，降低了设计、施工、调试、运维的难度。通信接口的航插化，使设备之间的数据连接关系变得更清晰、更透明，方便现场问题的排查。虚端子标准化设计将设备之间的虚端子连接简化为设备之间（数据集之间）的连接，减少了设计、施工、调试、运维的工作量，缩短了工程周期或停电时间。

通过对虚端子进行标准化设计，变电站二次设备对外发布标准化数据集，数据集中序号、语义、引用路径均遵循标准化要求，不额外增加虚端子。虚端子数据集标准化后，按照固化的虚回路关联关系可实现自动配置，设计人员不再需要设计虚回路的匹配关系，只关注设备与设备之间的联系，不必关注设备与设备之间具体的连接信号，设计阶段的工作量大大减少。在变电站新建、扩建、改造及故障维护阶段，新设备在出厂之前就已经按照典型的通信关系标准化的数据集进行了定义，设备在变电站现场只需进行简单的通信参数定义即可投入运行，实现设备的即插即用，缩短了建设周期或停电时间。

虚端子标准化不仅可以实现通信接口的免配置，还可实现 SCD 文件的自动配置。智能变电站工程集成工作主要包括通信子网配置、二次设备命名、通信地址分配、虚端子连线等。其中，虚端子连线工作最为烦琐且容易出错，配置完成后需要按连线关系逐一验证。目前，在智能变电站工程的实施过程中，每个工程都在重复上述集成工作，未能充分利用已有典型智能变电站配置成果。基于虚端子标准化的虚回路自动配置技术，可考虑涵盖 SCD 文件配置全环节。基于各典型变电站设计方案配置全站间隔层及过程层设备，可完成设备通信配置及虚端子连线，形成不同变电站典型设计方案对应的 SCD 文件模板。根据实际工程选取 SCD 文件模板并导入实际工程配置的二次设备模型，再基于标准化虚端子名称更新虚端子连线关系，即可完成 SCD 的自动配置。虚端子标准化技术为变电站二次设备数字化全寿命周期管理奠定了基础，进一步提升了变电站新建、改扩建、运维全过程的数字化水平。

三、设备信息建模

（一）运维子站建模

1.访问点定义

装置访问点定义如表 2-2 所示。

表 2-2　子站访问点定义

访问点名称	网络属性	信息内容
S1	站控层	使用 DL/T860 协议与客户端进行信息交互

2.ICD 文件要求

表 2-3 给出了子站 ICD 文件的类型、名称格式及映射目录定义，子站 ICD 文件应满足以下要求。

（1）在 IED 元素的 ConfigVersion 属性中填写 ICD 配置文件版本。

（2）在 IED 元素的 manufacturer 属性中填写装置的生产厂家。

（3）在 IED 元素的 type 属性规定为 "AGENTSG"。

（4）在 ICD 中应包含中文的 "desc" 描述和 dU 属性，供配置工具和客户端软件离线或在线获取数据描述。

表2-3　文件类型、名称格式及映射目录定义

序号	文件类型	文件名称格式定义	映射目录
1	SCD[a]	［变电站名］[f].scd 压缩后为［变电站名］.scd.zip	/SCD/
2	MCCD[b]	［变电站名］.mccd	/MCCD/
3	智能诊断报告文件	STAT_ 功能码 _ 时间信息 [c]	/STAT/
4	巡视报告文件	checkreport_ 更新时间 [d].xml	/SecondDevCheck/
5	RCD 文件	［变电站名］_［通道名］[e]_［序号］rcd	/RCD/
6	RCDRT 文件	［变电站名］_［通道名］_［序号］rcdrt	/RCDRT/

注：a——变电站 SCD 模型文件；

　　b——测控装置模型文件校验码描述文件；

　　c——时间格式应为：年（四位）月（两位）日（两位）_时（两位）分（两位）秒（两位）_毫秒（三位）；

　　d——更新时间为：年（四位）月（两位）日（两位）_时（两位）分（两位）秒（两位）；

　　e——通道名：调度级别 _ 通道标识 _ 别名；

　　f——"变电站名"宜用 SCD 文件中 "SubStation" 的 desc，采用 UTF-8 编码。

3. 逻辑设备建模

（1）台账信息逻辑节点采用扩展 SCIF 建模（如表2-4所示），采用 "dsParameter" 数据集。

表2-4　台账信息 SCIF

属性名	属性类型	全称	M/O	中文语义
公用逻辑节点信息				
Mod	INC	Mode	M	模式
Beh	INS	Behaviour	M	行为
Health	INS	Health	M	健康状态
NamPlt	LPL	Name	M	逻辑节点铭牌

续表

属性名	属性类型	全称	M/O	中文语义
参数				
PwrLev	STG	The power level in substation	M	电压等级
Vendor	STG	The vendor	M	制造厂商
DevTyp	STG	The device type	M	装置型号
MnfDate	STG	The date of manufacture	M	出厂日期
RunDate	STG	The date for running	M	投运日期
SwRev	STG	Software version	M	装置程序版本号
SwDate	STG	Software date	M	程序日期
SysDskCap	ASG	System Disk Capacity	M	系统（磁盘）容量 G

（2）自检信息逻辑节点采用 SPSI 建模（如表 2-5 所示）。测量信息采用"dsAin"数据集，状态信息采用"dsWarning"数据集。

表 2-5　装置自检信息 SPSI

属性名	属性类型	全称	M/O	中文语义
公用逻辑节点信息				
Mod	INC	Mode	M	模式
Beh	INS	Behaviour	M	行为
Health	INS	Health	M	健康状态
NamPlt	LPL	Name	M	逻辑节点铭牌
测量信息				
CPUUseRat		The use ratio for CPU	M	CPU 使用率
MemUseRat		The use ratio for memory	M	内存使用率
DiskUseRat		The use ratio for Disk	M	磁盘使用率
状态信息				
DskFreAlm	SPS		M	磁盘容量不足告警
RemMaintain	SPS	Status of remote maintenance	M	远程维护功能投退状态
CfgChange	SPS	Configure file changed	M	子站配置变化（模型变化）

注：DL/T 860 的标准单位中没有"%"，因此"装置 CPU 使用率""装置内存使用率""磁盘使用率"自检测量的单位为空，其值的范围为 0.000 至 1.000，表示 0.0% 至 100.0%，实际上送值为"×××使用率"×100 后值。

（3）状态监视信息逻辑节点采用 SDDI 建模（如表 2-6 所示）。实例化时通过在逻辑节点"prefix"属性中填写所监视 IED 的"IEDName"，实现与自动化设备、子站的关联。采用"dsCommState"数据集。

表 2-6　状态监视信息 SDDI

属性名	属性类型	全称	M/O	中文语义
公用逻辑节点信息				
Mod	INC	Mode	M	模式
Beh	INS	Behaviour	M	行为
Health	INS	Health	M	健康状态
NamPlt	LPL	Name	M	逻辑节点铭牌
状态信息				
ComStatus[a]	SPS	IED status of communication	M	与对应 IED 的通信状态
ActTime[b]	INS	IED active time of communication	M	与对应 IED 的最后一次通信时间

注：a 子站与对应 IED 连通时通信状态为 true，否则为 false；

　　b 子站与对应 IED 的最后一次通信时间为子站最后接收到对应 IED 通信报文的时间，时间更新闭锁时间宜为 1 分钟。

（4）运维文件信息逻辑节点采用 GGIO 建模（如表 2-7 所示），采用"dsWarning1"数据集。

表 2-7　文件简报信息 GGIO

属性名	属性类型	全称	M/O	中文语义
公用逻辑节点信息				
Mod	INC	Mode	M	模式
Beh	INS	Behaviour	M	行为
Health	INS	Health	M	健康状态
NamPlt	LPL	Name	M	逻辑节点铭牌
状态信息				
AnaExceed	SPS	Analogs Exceed Range	M	模拟量告警
SetIncon	SPS	Setting inconsistent	M	定值不一致告警
VerIncon	SPS	Version inconsistent	M	版本不一致告警
HighFreq	SPS	Frequently Alarm	M	频繁告警
DevModelDiffer	SPS	Data is different with model	M	设备模型异常
RTUModelError	SPS	Rtu model error	M	远动信息核对异常告警
OperateTestError	SPS	Operate Test Error	M	遥控功能预试异常告警
PriodTestError	SPS	Priod Test Error	M	遥测遥信测试异常告警
SCDModelChange	SPS	SCD Model File Change	M	SCD 模型文件变化
RTUParaDiffer	SPS	RTU Parameter File Differ	M	远动参数不一致告警
MCParaDiffer	SPS	MC Parameter Setting File Differ	M	测控运行参数定值不一致告警
MalLogicFileDiffer	SPS	Mal-Operation Logic File Differ	M	全站联闭锁逻辑文件变化告警

续表

属性名	属性类型	全称	M/O	中文语义
MCLogicFileDiffer	SPS	MC Mal-Operation Logic File Differ	M	测控联闭锁逻辑文件不一致告警
DBSCDModelDiffer	SPS	Double SCDModel Differ	M	监控主机 SCD 模型双套不一致告警
DBRCDFileDiffer	SPS	Double RCD File Differ	M	远动装置 RCD 文件双套不一致告警
DBMalOperDiffer	SPS	DoubleMal-OperationLogicFile Differ	M	监控主机全站联闭锁文件双套不一致告警

注：字符串值为文件路径 + 文件名。

（5）巡视告警信息逻辑节点采用 GGIO 建模（如表 2-8 所示），采用"dsWarning"数据集。

表 2-8　巡视告警信息 GGIO

属性名	属性类型	全称	M/O	中文语义
公用逻辑节点信息				
Mod	INC	Mode	M	模式
Beh	INS	Behaviour	M	行为
Health	INS	Health	M	健康状态
NamPlt	LPL	Name	M	逻辑节点铭牌
状态信息				
ChkAlmOk	SPS	Check Alarm Ok	M	巡视完成（无异常）
ChkAlmErr	SPS	Check Alarm Error	M	巡视完成（有异常）

（6）手动巡视信息模型。手动巡视逻辑节点采用 GGIO 建模（如表 2-9 所示）。

表 2-9　巡视控制信息 GGIO

属性名	属性类型	全称	M/O	中文语义
公用逻辑节点信息				
Mod	INC	Mode	M	模式
Beh	INS	Behaviour	M	行为
Health	INS	Health	M	健康状态
NamPlt	LPL	Name	M	逻辑节点铭牌

续表

属性名	属性类型	全称	M/O	中文语义
控制信息				
ChkCtl[a]	SPC	Start Check Control	M	手动启动巡视

注：a采用直控方式。

（7）软复位逻辑节点采用GGIO建模（如表2-10所示）。

表2-10　子站软复位信息GGIO

属性名	属性类型	全称	M/O	中文语义
公用逻辑节点信息				
Mod	INC	Mode	M	模式
Beh	INS	Behaviour	M	行为
Health	INS	Health	M	健康状态
NamPlt	LPL	Name	M	逻辑节点铭牌
控制信息				
IEDRs[a]	SPC	IEDRs	M	子站软复位

注：a采用直控方式。

（8）ICD文件中应预先定义统一名称的数据集，并预配置数据集中的数据。若某类数据集内容为空，可不建该数据集。

子站预定义下列数据集，前面为数据集描述，括号中为数据集名。

装置参数（dsParameter）

测量信息（dsAin）

通信工况（dsCommState）

告警信号（dsWarning）

（二）服务器类设备建模

监控主机等服务器类设备采用虚拟IED装置方式建模，相关逻辑节点包括设备台账信息、运行工况等信息模型。

1. 设备台账信息逻辑节点

设备台账信息逻辑节点采用扩展SCIF建模（如表2-11所示），采用"dsParameter"数据集。

表 2-11　设备台账信息 SCIF

属性名	属性类型	全称	M/O	中文语义
公用逻辑节点信息				
Mod	INC	Mode	M	模式
Beh	INS	Behaviour	M	行为
Health	INS	Health	M	健康状态
NamPlt	LPL	Name	M	逻辑节点铭牌
参数				
Vendor	STG	The Vendor	M	制造厂商
DevTyp	STG	The Device Type	M	装置型号
MnfDate	STG	The Date of Manufacture	M	出厂日期
RunDate	STG	The date for Runing	M	投运日期
SwRev	STG	Software Version	M	装置程序版本号
SysDskCap	ASG	System Disk Capacity	M	系统（磁盘）容量 G

2. 运行工况信息逻辑节点

运行工况逻辑节点采用 SPSI 建模，其定义如表 2-12 所示。测量信息采用 "dsAin" 数据集，状态信息采用 "dsWarning" 数据集。

表 2-12　运行工况信息 SPSI

属性名	属性类型	全称	M/O	中文语义
公用逻辑节点信息				
Mod	INC	Mode	M	模式
Beh	INS	Behaviour	M	行为
Health	INS	Health	M	健康状态
NamPlt	LPL	Name	M	逻辑节点铭牌
测量信息				
CPUUseRat		The Use Ratio for CPU	M	CPU 使用率
MemUseRat		The Use Ratio for Memory	M	内存使用率
DiskUseRat		The Use Ratio for Disk	M	磁盘使用率
状态信息				
KeyProcess1	SPS	The Key Process 1	M	××××进程
KeyProcess2	SPS	The Key Process 2	M	××××进程
...				
KeyProcessN	SPS	The Key Process n	M	××××进程

注：

1. DL/T 860 的标准单位中没有 "%"，因此 "CPU 使用率" "内存使用率" "磁盘使用率" 自检测量的单位为空，其值的范围为 0.000 至 1.000，表示 0.0% 至 100.0%，实际上送值为 "××× 使用率" ×100 后值。

2. The Key Process 1：××××，"××××" 为进程名称。

（三）数据通信网关机模型扩展

在数据通信网关机参数配置文件基础上扩展网络通信状态信息，定义远动实时断面描述文件（RCD_RT）。

1. 数据通信网关机参数配置文件扩展

数据通信网关机参数配置文件，采用 E 文件格式描述及 UTF-8 编码方式，后缀名为 cime，后缀统一采用小写英文字母，文件命名为 gateway.cime。参数配置项包括系统参数（网卡参数配置、路由参数配置、NTP 对时参数配置）、DL/T 860 接入参数、DL/T 634.5104 参数、Q/GDW273 参数及 DL/T 476 参数等。

通信状态扩展包括：对下远动接入装置的 A/B 网通信状态、与单个装置的通信总状态及远动与各调度主站的通道通信状态；通信状态信息采用 SDCS 建模。DO 的 CDC 类型为 SPS，其状态值为"True"时，表示该装置与装置通信正常；为"False"时，表示通信异常。装置通信状态信息如表 2-13 所示。

表 2-13　装置通信状态信息（SDCS）

数据集	信息名称	是否强制（M/O）	说明
dsCommState	地调 _NET1_ 主调	M	与地调远动通信通道状态
	地调 _NET2_ 主调	M	
	地调 _NET3_ 备用	M	
	省调 _NET1_ 主调	M	与省调远动通信通道状态
	省调 _NET2_ 主调	M	
	省调 _NET3_ 备用	M	
	集控 _NET1_ 主调	M	与集控远动通信通道状态
	集控 _NET2_ 主调	M	
	集控 _NET3_ 备用	M	
dsCommState 1	220kV** 线测控装置 _ 通信状态	M	装置通信总状态、装置 A 网通信状态、装置 B 网通信状态按照信息数据数量依次创建 dsCommState 数据集
	220kV 母线测控装置 _ 通信状态	M	
	110kV** 线测控装置 _ 通信状态	M	
	公用线测控装置 _ 通信状态	M	

数据集	信息名称	是否强制（M/O）	说明
dsCommState 2	220kV ×× 线测控装置 _A 网通信状态	M	装置通信总状态、装置 A 网通信状态、装置 B 网通信状态按照信息数据数量依次创建 dsCommState 数据集
	220kV 母线测控装置 _A 网通信状态	M	
	110kV ×× 线测控装置 _A 网通信状态	M	
	×× 公用测控装置 _A 网通信状态	M	
dsCommState N	220kV ×× 线测控装置 _B 网通信状态	M	
	220kV 母线测控装置 _B 网通信状态	M	
	110kV ×× 线测控装置 _B 网通信状态	M	
	×× 公用测控装置 _B网通信状态	M	

远动通道预配置结果，由数据通信网关机上送的通信状态来判别是否成功。

2. 远动实时断面配置描述文件定义

远动实时断面配置描述文件（RCD_RT），在 RCD 文件基础上，扩展了遥信转发信息、遥测转发信息、遥控转发信息、遥调转发信息的断面实时值。格式示例如下。

```
<!Entity=RCD Version=1.0 Code=UTF-8 data=1.0time='2016-04-14 12:00:00'!>
//此时间为生成断面数据文件, RCD_RT文件命名为[变电站名]_[通道名]_[序号].rcdrt；文件名参考RCD
命名方式。
<E>
<变电站 name="XX.XX.110kV XX变" link="XXX省调一平面">
<版本信息>
@ sn model_type version manufacturer
// 序号 模型类型 版本号 制造厂商
# 1 SCD V1.0 JSEPRI
# 2 RCD V1.0 JSEPRI
</版本信息>
<合并计算参与量信息 >
@ sn reference des alias
// 序号 DL/T 860路径名 中文描述 别名
```

＃1 CS1001MEAS/BinInGGIO1STInd46$stVal 10kV1号站用变测控_CS1001_事故总信号 OP1

＃2 CS1002MEAS/BinInGGIO1STInd46$stVal 10kV2号站用变测控_CS1002_事故总信号 OP2

＃3 Gate.LD0.CB10007.netAErr盱泰Ⅰ线T011 开关测控A 网状态OP3

＃4 Gate.LD0.CB10007.netBErr盱泰Ⅰ线T011 开关测控B 网状态OP4

＃5 CB10007MEAS/BinInGGIO1STInd30$stVal盱泰Ⅰ线T011 开关测控_CB10007_盱泰Ⅰ线T011 开关气室 SF6气压低告警 OP5

＃6 CB10007MEAS/BinInGGIO1STInd31$stVal 盱泰Ⅰ线T011 开关测控_CB10007_盱泰Ⅰ线T011 开关气室 SF6气压低闭锁 OP6

//….

</合并计算参与量信息>

<合并计算生成量>

@ sn merge_des data_id alias expression type

// 序号 合成信息中文描述 本地标识 别名 表达式 类型

＃1 全站事故总 DST1 ALIAS1 OP1|OP2 TotalSig

＃2 盱泰Ⅰ线 T011 开关测控通信状态 DST2 NULL OP3|OP4 YX

＃3 盱泰Ⅰ线 T011 开关 SF6 告警 DST3 NULL OP5|OP6|OP7 YX

＃4 1000kVI 母有功功率总加DST4 NULL OP8+OP9+OP10 YC

//…

</合并计算生成量>

<遥信转发信息>

@ sn yk_no reference des alias type negative timeTag private rtvalue

//序号 遥信点号 DL/T 860路径名 中文描述 别名 遥信类型 极性 是否带时标 私有信息 实时值

＃1 33 DST1 全站事故总 NULL SinglePoint Positive true NULL实时值

＃2 35 CB10007CTRL/CBSynCSWI1STPos$stVal 盱泰Ⅰ线T011 开关测控_CB10007_T011断路器NULL DoublePoint Positive true NULL 实时值

＃3 48 DST2 盱泰Ⅰ线 T011 开关测控通信状态 NULL SinglePoint Positive true NULL实时值

＃4 90 DST3 盱泰Ⅰ线 T011 开关 SF6告警 NULL SinglePoint Positive true NULL实时值

//…

</遥信转发信息>

<遥测转发信息>

@ sn yc_no re ference des alias type timeTag factoroffset threshold private rtvalue

//序号 遥测点号 DL/T 860 路径名 中文描述 别名 遥测类型 是否带时标 系数 基准值 死区 私有信息 实时值

＃1 1 CB10009MEAS/MMXU1MXTotWmagf 准盱Ⅰ线 T051 开关测控_CB10009_淮盱Ⅰ线 P NULL FloatValue false 1 0 1 NULL 实时值

＃2 373 DST4 1000kVI 母有功功率总加 NULL FloatValue false 1 0 1 NULL实时值

//…

</遥测转发信息>

<遥控转发信息>

```
@ sn yk_no reference des type overtime controlMode associatedLockPoint associatedLockSate
private
// 序号 遥控点号 DL/T 860 路径名 中文描述 遥控类型 遥控超时 遥控模式 关联闭锁遥信 闭锁遥信
所处状态 私有信息
# 1 1 CB10007CTRL/CBDeaCSWI1$CO$Pos 盱泰Ⅰ线T011开关测控_CB10007_T011断路器强合
DoublePoint 60000 SelectBeforeOperateControl NULL None NULL
# 2 3 CB10008CTRL/CBDeaCSWI1$CO$Pos 盱泰Ⅰ线T013开关测控_CB10008_T013断路器强合
DoublePoint 60000 SelectBeforeOperateControl NULL None NULL
//…
</遥控转发信息>
<遥调转发信息>
@ sn yt_no reference des type factor offset overtime controlMode associatedPoint
private rtvalue
// 序号 遥调点号 DL/T 860路径名 中文描述 类型 系数 基准值 遥调超时 关联遥测点 私有信息实时
值
//…
</遥调转发信息>
</变电站>
</E>
```

3. 测控装置日志文件定义

装置日志记录分为运行日志、操作日志、维护日志三类。日志采用滚动存储的方式记录，即存储达到设定的限值时，删除最早的日志文件，创建新的日志文件。

（1）操作日志。

操作日志记录装置的遥控操作信息（如表 2-14 所示）。

表 2-14　操作日志内容示例

序号	条目		示例
1	TimeStamp	时标	2012-04-27 08：56：09：729
2	Sponsor	发起者	后台：IP\远动：IP\装置本地
3	Behavior	行为	遥控选择合（分）不检/遥控执行合（分）不检
4	Target	靶标对象	遥控 02
5	BehaviorResult	行为结果	成功/失败
6	AttachInfo	附加信息	遥控失败时应包含遥控失败原因

（2）维护日志。

维护日志记录对测控装置的维护操作，包括定值修改、配置文件模型文件的下装和上传等。定值修改日志如图 2-15 所示，文件下载日志如图 2-16 所示，装置重启日志如图 2-17 所示。其他分类可参照示例定义。

表 2-15 定值修改日志示例

序号	条目		示例
1	TimeStamp	时标	2012-04-27 08：56：09：729
2	Sponsor	发起者	后台\远动\装置本地
3	Behavior	行为	定值修改
4	Target	靶标对象	硬开入 04 防抖时间
5	BehaviorResult	行为结果	10
6	AttachInfo	附加信息	共 6 条（一次修改多条定值时，记录修改定值的总条数）

表 2-16 文件下载日志示例

序号	条目		示例
1	TimeStamp	时标	2012-04-27 08：56：09：729
2	Sponsor	发起者	61850 规约、调试工具
3	Behavior	行为	文件下装 / 文件上传
4	Target	靶标对象	文件名：configuered.cid/configuered.ccd
5	BehaviorResult	行为结果	成功/失败
6	AttachInfo	附加信息	共 6 个文件

表 2-17 装置重启日志示例

序号	条目		示例
1	TimeStamp	时标	2012-04-27 08：56：09：729
2	Sponsor	发起者	装置本体
3	Behavior	行为	装置重启
4	Target	靶标对象	装置
5	BehaviorResult	行为结果	装置重启
6	AttachInfo	附加信息	—

（3）运行日志。

运行日志记录测控装置一定时间内的运行信息，包括装置的软硬件自检信息，装置重启信息等。运行日志板卡异常日志、进程自检异常日志、定值自检日志等，分别如表 2-18、表 2-19 和表 2-20 所示。其他分类可参照示例定义。

表 2-18　板卡异常日志示例

序号	条目		示例
1	TimeStamp	时标	2012-04-27 08：56：09：729
2	Sponsor	发起者	装置本体
3	Behavior	行为	板卡自检
4	Target	靶标对象	板卡槽号或板卡型号
5	BehaviorResult	行为结果	自检异常
6	AttachInfo	附加信息	—

表 2-19　进程自检异常日志示例

序号	条目		示例
1	TimeStamp	时标	2012-04-27 08：56：09：729
2	Sponsor	发起者	装置本体
3	Behavior	行为	进程自检
4	Target	靶标对象	进程名称，如 DL/T 860
5	BehaviorResult	行为结果	进程异常
6	AttachInfo	附加信息	—

表 2-20　定值自检日志示例

序号	条目		示例
1	TimeStamp	时标	2012-04-27 08：56：09：729
2	Sponsor	发起者	装置本体
3	Behavior	行为	定值自检
4	Target	靶标对象	定值或具体定值名称，如遥控 01 脉冲时间
5	BehaviorResult	行为结果	定值自检出错
6	AttachInfo	附加信息	—

（4）日志文件格式。

日志文件格式采用 CIM/E 文本格式，编码采用 UTF-8。日志记录单元由以下信息元素构成。

①ID：每个文件中记录的 ID 号唯一，从 1 开始累加，该条目必选，记录条数不少于 1024 条。

②TimeStamp：日志记录单元对应的时间戳，格式为 YYYY-MM-DD hh:mm:ss:sss，该条目必选。

③Sponsor：该记录内容的触发主体。对于后台的遥控操作，其操作源为远方；对于液晶遥控把手的操作，其操作源为本地。该条目用于筛选某一操作源相关的记录，该条目必选。

④Target：该记录行为对应的实体靶标对象。

⑤Behavior：该记录对应的行为类型。

⑥BehaviorResultResult：该记录中行为的返回结果。规范行为结果使用的词汇为"成功""失败""选择成功""选择失败""执行成功""执行失败""撤销成功""撤销失败"。

⑦AttachInfo：附加信息（可选）内容为空用 NULL。当前表述的各种信息属性仍不足以覆盖该日志记录的全部信息时，可以在该信息属性中补充。

日志文件示例如下。

```
<! System=OMS Version=1.0 Code=UTF-8 Data=1.0!>
<日志文件：：自检>
@ID   TimeStamp      Sponsor   Behavior    Target    BehaviorResult    AttachInfo
//序号    时标         发起者     行为      靶标对象     行为结果        附加信息
#1 '2012-04-27 08:56:09:729'后台:192.168.0.3'遥控选择合检同期' 遥控 01   选择成功    NULL
#2 '2012-04-27 08:56:09:729'远动:192.168.0.3'遥控执行合检同期'  遥控 01 选择失败 装置检修
#3 '2012-04-27 08:56:11:729'远动:192.168.0.3'遥控执行合'  遥控 02 选择失败 装置检修
……
#1024 '2012-04-27 08:56:09:729'    61850 规约  文件下装   configuered.cid 成功  NULL
</日志文件：：自检>
```

（5）日志文件传输。

每一类日志文件分成 A、B 两个文件。新产生的日志先写入 A 文件。A 文件达到最大记录之后，清空 B 文件，新产生的日志写入 B 文件；B 文件达到最大记录之后，清空 A 文件，新产生的日志写入 A 文件，如此循环记录。

每次清空文件后重新记录时，ID 号从 1 开始重新编号。

站端通过 DL/T 860 文件服务功能从 MEAS 目录上召测控装置的日志文件。日志文件通过 DL/T 860 文件服务上送的目录如下。

操作日志文件名：\MEAS\OPRLOG_A.cime \MEAS\OPRLOG_B.cime

维护日志文件名：\MEAS\MNTLOG_A.cime \MEAS\MNTLOG_B.cime

运行日志文件名：\MEAS\RUNLOG_A.cime \MEAS\RUNLOG_B.cime

第三节
安全交互技术

《电力系统通用服务协议》（GSP）定义了一种基于服务架构的主子站通信体系。协议将通信服务及其报文结构直接映射到 TCP/IP 或以太网协议栈上，吸收并扩展 IEC 60870–5–104 和 DL/T 476 等协议实时性强的特性，建立基于面向对象技术的实时数据传输机制，在确保电网监视和控制数据的实时性和可靠性的同时，借鉴 DL/T 860 自描述特性，增加了自定义通信服务和自定义报文结构的功能。GSP 的这些特性适用于运维主站与子站间的静态和动态服务数据交换。

基于 GSP 与数字调度证书认证的自动化运维数据交互技术，实现运维主站与子站间信息的传输，通过将 SCD 文件的数据集完整映射到电力系统通用服务协议的数据集，并使用 SCD 文件加 GSP 通信配置文件的方式构建系统交互模型。其中，通信配置文件描述了 SCD 文件中二次设备、数据集和通用服务协议中的映射关系，使用 CIM/E 格式。

一、数据交互架构

基于 GSP 的自动化运维信息交互，包括调度端和厂站端两部分，交互架构如图 2–10 所示。

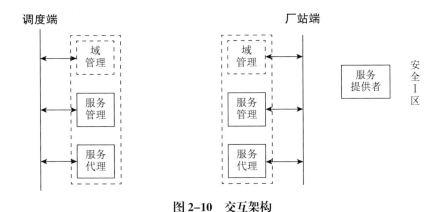

图 2-10 交互架构

二、信息传输模型

系统主子站间采用"SCD+ 通信配置"文件的方式交互系统模型。配置文件描述了 SCD 文件中二次设备、数据集和通用服务协议中的映射关系。为了满足模型变更和信息处理要求，对模型文件、配置文件的名称定义如下。

MSCD 文件，如：郎峰变 .mscd

GSP 通信配置文件，如：郎峰变 _iedds.CIME

通信配置文件如下所示。

```
<! System=浙江  Version=1.0 Code=GBK  Type=通用服务协议Time='2019-07-1815:39:30' !>
<IED>
  @Num    IED_Name  IED_ID
  //序号    装置名称    装置ID
  #0      SFFIS      0
  #1      PL2201A    1
  #2      PL2201B    2
</IED>
<DataSet>
  @Num    DS_Ref                        DS_ID        IED_ID
  //序号    数据集引用                      数据集ID       装置ID
  #1      PL2201APROT/LLN0$dsAlarm       1            1
  #2      PL2201APROT/LLN0$dsAlarm2      2            1
  #3      PL2201BPROT/LLN0$dsAlarm1      1            2
</DataSet>
```

子站生成通信配置文件时，主站仅需要 SCD 文件站控层访问点的信息，无须加入所有类型的 LD，属性定义说明如表 2-21 所示。

表 2-21　配置文件 IED、DataSet 类的属性

表名	属性	含义	备注
IED	IED_Name	61850 的 IED 名称	如"PL2201A"
	IED_ID	IED 的 ID 从 1 开始，站内唯一；0 表示子站自身	子站创建；应最大限度保持不变；应含子站装置的 iedName 等信息
DataSet	DS_Ref	数据集的引用 IED 名 LD 名 /LLN0$ 数据集名	如"PL2201AProt/LLN0$dsAlarm1"（用 $ 替换 . 连接符。）
	DS_ID	数据集 ID 1~255，IED 内唯一	子站创建；应最大限度保持不变

子站上送的设备通信状态数据集 ID（DS_ID）为 1，通信状态定义如表 2-22 所示。

表 2-22　通信状态定义

Bit1	Bit0	通信状态
0	0	非法
0	1	通信中断
1	0	通信正常
1	1	非法

三、协议扩充与约定

现有的电力通用服务协议对自动化运维信息的传输没有详细的约定，需进行扩展。服务原语扩充如表 2-23 所示。

表 2-23　服务原语扩充

原语	状态	描述
ListFileInfos 获取文件列表文件	参数约定	a）原语同 GB/T 33602 b）fileName 参数约定为文件路径
GetFile 读文件	参数约定	a）原语同 GB/T 33602 b）RemoteFName 约定为文件路径

原语	状态	描述
SetFile 设置文件	参数约定	a）原语同 GB/T 33602 b）remoteFName 约定为文件路径
SetDataSetValues 发送数据集值	参数约定	a）在第一帧中，用 groupID、classID 描述 IED_ID = groupID*256+classID b）对象数据的类型，依据 APDU 的 CI 确定
GetDataSetValues 读数据集值	参数约定	a）在响应的第一帧中，用 classID 描述 IED_ID，IED_ID= classID b）对象数据的类型，依据 APDU 的 CI 确定
GetSGCBValues 读定值控制块值	扩充	a）参考 860.72–2013 的 16.3.7 b）扩充的服务原语定义
SelectActiveSG 选择活动定值组	扩充	a）参考 860.72–2013 的 16.3.2 b）扩充的服务原语定义
SelectEditSG 选择编辑定值组	扩充	a）参考 860.72–2013 的 16.3.3 b）扩充的服务原语定义
SetEditSGValue 写编辑定值组	扩充	a）参考 860.72–2013 的 16.3.4 b）扩充的服务原语定义
ConfirmEditSGValues 确认编辑定值组	扩充	a）参考 860.72–2013 的 16.3.5 b）扩充的服务原语定义
GetEditSGValue 读取当前区、编辑区的定值	扩充	a）参考 860.72–2013 的 16.3.6 b）扩充的服务原语定义
OperateControl 基本操作控制	扩充	a）格式为 IED 名 + LD 名 + "/" + 控点名，如 "PL2201AProt/LLN0$PdiffsEna" b）扩充的服务原语定义
ListModels	参数约定	a）原语同 GB/T 33602
GetModel	参数约定	a）原语同 GB/T 33602

四、主子站通信认证

为保证通信的安全性，要求智能变电站自动化设备运维系统主、子站在数据传输之前进行双向身份认证，只有认证通过才能进行后续的数据上传。

通信过程中，先由客户端请求建立连接。TCP 连接建立成功后，由客户端发起启动认证流程；服务端收到启动认证后，发出认证请求，认证错误，则关闭 TCP 连接，并重新开始整个流程。双向认证成功后，可以开始应用数据传输。通信状态如图 2-11 所示。

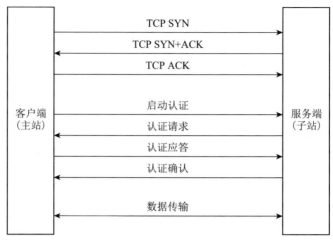

图 2-11　通信状态示意

（1）启动认证流程报文：建立 TCP 连接之后，客户端主动发起启动认证流程报文。

（2）认证请求报文：建立 TCP 连接之后，认证请求报文由服务端发起。

（3）认证应答报文：建立 TCP 连接之后，客户端收到服务端的认证请求报文，如验证未通过，则断开 TCP 连接；如验证通过，则将向服务端发送认证应答报文。

（4）认证确认报文：建立 TCP 连接之后，服务端收到客户端的认证应答报文，如验证未通过，则断开当前 TCP 连接；如验证通过，则将向客户端发送认证确认报文。

第四节

模型配置文件在线管控技术

智能变电站模型配置文件主要有 SCD 文件、CID 文件、CCD 文件、联闭锁逻辑文件、远动点表信息文件、远动通道参数配置文件、测控装置参数配置文件。这些文件承载了变电站监控系统设备模型、通信参数、采集控制主要信息，是保障变电站监控系统安全可靠运行的基础，有必要对相关模型配置文件进行一致性、完整性、正确性进行在线管控。

对于联闭锁文件为变电站防止电气误操作的逻辑配置文件，由站控层、间隔层防误闭锁逻辑、操作检验规则等构成，采用计算测控联闭锁逻辑校验码方式，帮助运维人员在线校验间隔（测控）与全站联闭锁逻辑的一致性，提升运维工作效率。

数据通信网关机、测控装置是支撑电网与变电站自动化系统的安全可靠运行的关键设备，采用 61850 文件服务方式，实现远动、测控参数在线浏览、维护（修改）、校核，提升运维人员设备维护的工作效率。

一、模型文件在线管控

智能变电站遵循 DL/T 860 标准，深度依赖智能变电站模型文件，包括 SCD（变电站系统配置描述文件）、IED 能力描述文件（ICD）、IED 实例配置描述文件（CID）、回路实例配置描述文件（CCD）、变电站配置描述文件（SCD），定义并描述智能变电站一次设备拓扑、二次设备的配置、参数、逻辑关机及业务功能，直接影响智能变电站安全稳定运行。

模型文件在线管控功能，研究智能站模型文件的变化特征，抽取模型文件核心配置，采用计算模型核心配置校验码方式，在线校验装置模型（CID、CCD）与 SCD 的一致性、唯一性与同源性，实现智能变电站模型文件在线管控，消除智能站系统模型配置工具异常与人为误操作等导致模型不一致进而造成的变电站系统功能异常、设备误拒动等影响电网安全可靠运行的隐患，同时辅助运维人员提升智能站自动化设备运维作业的工作质量和效率。

（一）模型核心配置校验方法

按照《Q/GDW 1396–2012 IEC 61850 工程继电保护应用模型》对配置智能变电站模型文件的要求，装置 CID 模型时 SCD 模型导出，CID 文件直接定义了装置功能，因此，校验 CID 与 SCD 的一致性、同源性是保证智能变电站模

型正确的关键因素。（如图 2-12 所示）

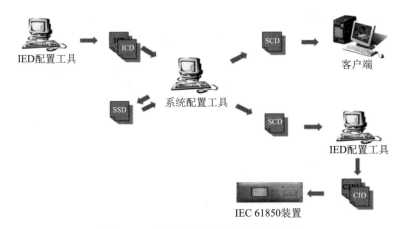

图 2-12　配置智能变电站模型关系示意

CID 文件的核心校验码是根据 CID 文件中的 Communication 段、IED 段、DataTypeTemplates 段内容计算生成的四字节 CRC-32 校验码（以下简称"核心校验码"），该校验码与 CID 文件中装置自身的模型配置信息有关，而与全站装置的 CID 文件共享的命名空间、SCD 文件版本信息、修订历史、全站虚端子 CRC 等内容无关。系统配置工具可在每次导出 MCCD 文件时，通过检查核心校验码是否发生变化，自动判断是否对 MCCD 文件中的 CID 全文校验码进行更新。

核心校验码的具体计算方法如下。

（1）步骤 1。根据 Communication 段的完整内容（从 <Communication 开始到 </Communication> 结束的全部内容，不需要删除其中的空格、换行符等）进行四字节 CRC-32 校验码计算，得到 CrcCom，计算结果不满四字节的高字节补 0×0，CRC 参数与计算 CID 全文校验码时相同。可根据 IED 段和 DataTypeTemplates 段的完整内容分别计算得到各个段的 CRC 校验码 CrcIed 和 CrcDtt。

（2）步骤 2。将步骤 1 生成的 3 个 CRC 校验码字符串按固定顺序连接，即 CrcText = CrcCom + CrcIed + CrcDtt，最后根据 CrcText 计算四字节 CRC-32 校验码，即为核心校验码。

系统配置工具基于核心校验码导出 CID 全文校验码。

系统配置工具在导出 MCCD 文件时，CCD 校验码和核心校验码均直接导出，对于 CID 全文校验码，则有如下特殊处理。

（1）第一次导出 MCCD 文件时直接导出 CID 全文校验码。

（2）在已导出过 MCCD 文件的情况下，后续每次导出 MCCD 文件时，工具都要读取上次导出的 MCCD 文件，根据本次导出的核心校验码相对于上次导出的核心校验码是否发生变化，决定本次如何导出 CID 全文校验码。

（3）如果核心校验码有变化，表示装置的自身模型信息有改动，装置需要重新下装 CID 文件，这时计算新的 CID 全文校验码并导出到新的 MCCD 文件，工具应给出装置需要重新下装 CID 文件的提示。

（4）如果核心校验码没有变化，表示装置自身模型信息没有改变，此时不需要重新下装 CID 文件，因此仍然导出上次导出的 MCCD 文件中的 CID 全文校验码。

（5）为确保系统配置工具能够根据 MCCD 文件中的核心校验码控制 CID 全文校验码的导出，需要保证在每次导出 MCCD 文件之前，上一次导出的 MCCD 文件在监控后台的指定目录中一直存在，同时还要保证监控后台双机同步每次导出的 MCCD 文件。

（二）智能变电站模型文件在线管控

系统配置器增加输出测控装置 CID、CCD 文件校验码配置文件（MCCD 文件）的功能，运维管控系统能存储全站 SCD 模型文件及测控装置 CID、CCD 文件校验码配置文件（MCCD 文件）为全站 SCD 及测控 CID、CCD 模型文件管理功能标准值。模型文件在线管控流程如图 2-13 所示。

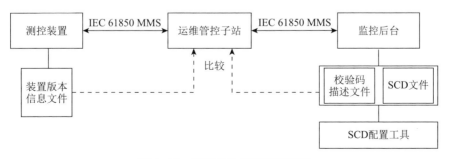

图 2-13 模型文件在线管控流程

1. 测控装置 CID、CCD 校验码记录文件生成流程

（1）通过 SCD 工具生成 SCD 文件和对应的测控校验码描述文件，并将这两个文件保存在变电站监控后台。

（2）子站通过 DL/T 860 文件服务方式，召唤测控装置的版本信息文件 program_ver.xml。

（3）四统一测控装置的版本信息文件 program_ver.xml 中包含装置软件版本，测控 ICD、CID 文件版本及校验码信息，在原 program_ver.xml 文件中增加测控 CCD 文件版本与校验码信息。

（4）子站通过 DL/T 860 文件服务，从监控后台召唤测控装置 CID、CCD 校验码记录文件。

（5）比较测控装置的版本信息和监控后台的校验码描述文件中的校验码信息，不一致时给出告警。

2. 测控装置校验码描述文件格式

测控装置校验码描述文件（Measuring and Control Device Checksum Description，MCCD），采用 E 格式描述及 UTF-8 编码方式，后缀名为 mccd。MCCD 文件命名为 [变电站名].mccd。MCCD 文件包含校验码信息。（如表 2-24 所示）

表 2-24　MCCD 文件

属性名	解释	属性值类型
sn	序号，从 1 开始，依次递增	INT32U
iedname	测控装置 IED Name	VisString255
des	测控装置中文描述	VisString255
manufacturer	制造商	VisString255
checksum	校验码	VisString255
ccdchecksum	CCD 校验码	VisString255
corechecksum	核心校验码	VisString255

测控装置版本信息文件格式及内容示例如下。

版本信息文件采用xml格式，见如下示例，文件的标签定义详见下面各表：

```
<?xml version="1.0" encoding="UTF-8"?>
<IedDesc devName="XXX-XXXX" devDesc="测控装置">
<APP Type="XXX-XXXX-DA-1" Describe="间隔测控" Version="V1.01" Time="2016-07-27
14:14:25" CheckCode="AD12FD12"/>
<ICD Version="V1.01" CheckCode="AD12FD12"/>
<CID Version="V1.01" CheckCode="AD12FD12"/>
<CCD Version="V1.01" CheckCode="AD12FD12"/>//增加CCD文件描述
</IedDesc>
//*增加CCD文件描述，CCD文件不下装时（没有虚端子连接），无CCD版本和校验
码，示例：<CCD Version="null" CheckCode=" null "/>；需下装时，"CCD CheckCode"为
CCD文件中虚端子连接逻辑部分的校验码，"CCD Version"为CID文件版本号（CCD本身
无版本号），示例：<CCD Version="V1.01" CheckCode="AD12FD12"/>
```

3. 全站 SCD 模型双套不一致核对

主站手动从两台监控主机分别召唤全站 SCD 模型文件及测控装置 CID 文件校验码配置文件，校验两台监控主机上送的 SCD 是否一致，核对结果不一致时输出"监控主机 SCD 模型双套不一致告警"，界面显示校核结果，存储全站 SCD 模型双套不一致核对历史记录；核对结果一致时，界面显示校核结果，存储全站 SCD 模型双套不一致核对历史记录，可进一步选择进行单个监控主机的"SCD 模型文件变化"校核。

全站 SCD 模型双套不一致核对流程如图 2-14 所示。

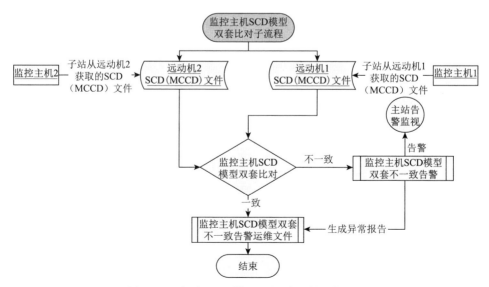

图 2-14 全站 SCD 模型双套不一致核对流程

4. 全站 SCD 模型文件校核

主站使用从监控主机召唤全站 SCD 模型文件及测控装置 CID、CCD 文件校验码配置文件，校验召唤 SCD 与上一次本地存储的 SCD 是否一致，不一致时输出 SCD 模型变化告警，界面显示校核结果，存储全站 SCD 模型文件校核历史记录。

全站 SCD 模型文件校核流程如图 2-15 所示。

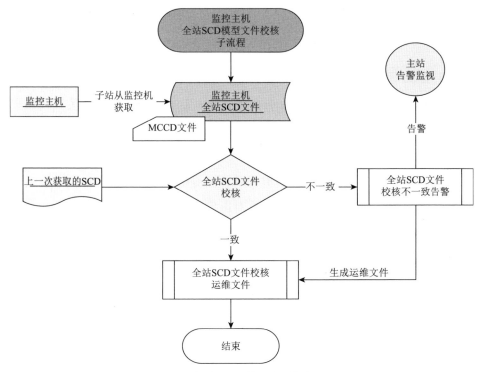

图 2-15　全站 SCD 模型文件校核流程

5. 测控 CID、CCD 模型校核

主站逐个获取测控装置的 CID、CCD 校验码与测控装置 CID、CCD 文件校验码配置文件（×××.mccd）比对，实现运行测控 CID、CCD 模型变化校验，校验异常时输出模型异常告警及模型异常运维文件，界面显示校核结果，存储全站 SCD 模型文件校核历史记录。测控 CID、CCD 模型校核流程如图 2-16 所示。

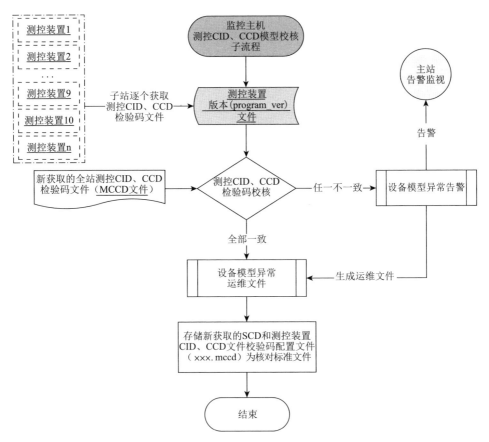

图 2-16　测控 CID、CCD 模型校核流程

6. 更新 SCD 和测控装置 CID 文件校验码配置文件（×××.mccd）核对标准值

主站执行全站 SCD 模型文件校核指令后，再执行测控 CID、CCD 模型校核，若比对一致，即存储新获取的 SCD 和测控装置 CID 文件校验码配置文件（×××.mccd）为核对标准值。不一致时，不更新核对标准值，输出模型异常告警，界面显示校核结果，存储校核历史记录。全站 SCD 与测控 CID、CCD 模型校核流程如图 2-17 所示。

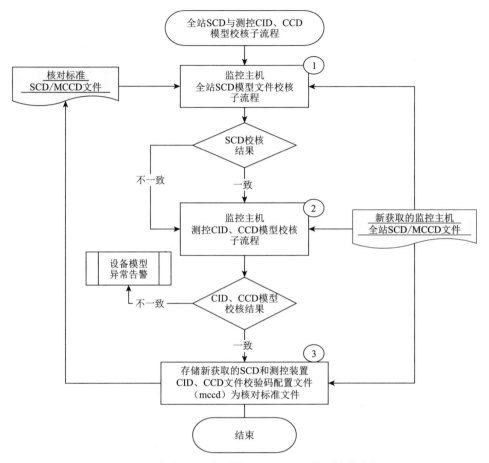

图 2–17　全站 SCD 与测控 CID、CCD 模型校核流程

二、联闭锁逻辑文件在线管控

变电站联闭锁逻辑文件为变电站防止电气误操作的逻辑配置文件，由站控层、间隔层防误闭锁逻辑，操作检验规则等构成，其中站控层、间隔层防误闭锁逻辑由不同的工具配置生成，在日常运维作业过程中人工校验联闭锁逻辑的工作难度大，且容易误判与遗漏，因此，采用计算测控联闭锁逻辑校验码方式，利用全站与间隔联闭锁的关联关系，实现联闭锁逻辑在线检验，可帮助运维人员在线校验间隔（测控）与全站联闭锁逻辑的一致性，提升运维工作效率。

（一）联闭锁逻辑文件校验方法

联闭锁逻辑文件校验方法基于全站联闭锁逻辑文件与测控装置联闭锁逻辑文件同源配置，采用在线比较全站与测控联闭锁逻辑校验码的方式，实现在线管控全站与测控装置联闭锁逻辑文件，保证其一致性，实现测控装置联闭锁逻辑可视化校核。

变电站自动化设备运维管控子站分别与监控主机、测控装置通信，采用DL/T 860文件服务方式从监控主机获取"全站联闭锁逻辑文件"（［变电站］.wf）与配套的"测控联闭锁逻辑文件校验码记录文件"（×××.wfcrc）并保存在指定文件目录，采用DL/T 860规范文件服务方式从测控装置获取"测控联闭锁逻辑文件"（wf.dat）。联闭锁逻辑文件在线管控流程如图2-18所示。

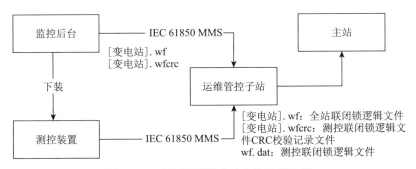

图 2-18　联闭锁逻辑文件在线管控流程

1. 联闭锁逻辑文件存放路径

"测控联闭锁逻辑文件校验码记录文件"（×××.wfcrc）包含由"全站联闭锁逻辑文件"（×××.wf）导出的所有间隔测控装置的"测控联闭锁逻辑文件"（wf.dat）文件内容检验码信息。联闭锁逻辑文件存放路径如表2-25所示。

表 2-25　联闭锁逻辑文件存放路径

文件名称	文件名	存放路径
全站联闭锁逻辑文件	×××.wf ［变电站］.wf	监控主机：\maloperationlogic\
测控联闭锁逻辑文件校验记录文件	×××.wfcrc ［变电站］.wfcrc	监控主机：\maloperationlogic\
测控联闭锁逻辑文件	wf.dat	测控装置：\meas\

2. 测控联闭锁逻辑文件校验码记录文件（xxx.wfcrc）格式

测控联闭锁逻辑文件校验码记录文件采用 E 格式描述及 UTF-8 编码方式，后缀名为 wfcrc。（如表 2-26 所示）

（1）WFCRC 文件命名为［变电站名］.wfcrc。

（2）WFCRC 文件包含校验码信息。

（3）校验信息包含序号，IEDName、中文描述，制造商及校验码。

表 2-26　联闭锁逻辑文件校验码记录文件定义

属性名	解释	属性值类型
sn	序号，从 1 开始，依次递增	INT32U
iedname	测控装置 IED Name	VisString255
des	测控装置中文描述	VisString255
manufacturer	制造商	VisString255
checksum	校验码	VisString255

文件示例如下。

```
<!Entity=wfcrc  Version=1.0 Code=UTF-8 data=1.0time='2016-04-1412:00:00'!>
<E>
<校验码信息>
@  sn  iedname  des  manufacturer  checksum
//序号  IEDName 描述  制造厂商  校验码
# 1 CB5011      500kV#1主变5011断路器测控      北京四方    B540310F
# 2 CB5012      500kV第一串联络5012断路器测控   北京四方    EED65987
# 3 CB5032      500kV第三串联络5032断路器测控   北京四方    CD05EB0B
</校验码信息>
</E>
```

（二）联闭锁逻辑文件在线管控方案

监控后台对全站和间隔测控联闭锁逻辑文件进行统一配置，增加输出"全站测控联闭锁逻辑文件校验记录文件"（×××.wfcrc）的功能，运维管控系统召唤并存储"全站联闭锁逻辑文件"及"全站测控联闭锁逻辑文件校验码记录文件"，作为全站及测控联闭锁逻辑文件校核的基准文件。

1."全站联闭锁逻辑文件""全站测控联闭锁逻辑文件校验码记录文件"基准文件生成

主站执行全站联闭锁逻辑文件校核指令后，再执行全站测控联闭锁逻辑文件校核。若比对一致，即存储新获取的"全站联闭锁逻辑文件"及"全站测控联闭锁逻辑文件校验码记录文件"为核对标准值。不一致时，不更新核对标准值，输出模型异常告警，界面显示校核结果，存储校核历史记录。更新后测控联闭锁逻辑文件管理流程如图 2-19 所示。

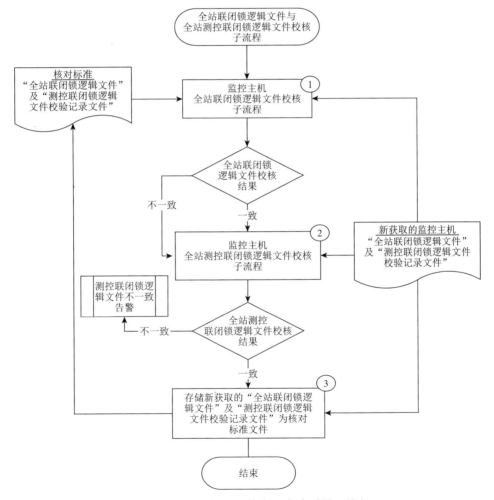

图 2-19　更新后测控联闭锁逻辑文件管理流程

2. 全站联闭锁逻辑文件双套不一致告警

主站手动从两台监控主机分别召唤"全站联闭锁逻辑文件"及"全站测控联闭锁逻辑文件校验码记录文件",校验两台监控主机上送的"全站联闭锁逻辑文件"是否一致。不一致时输出"全站联闭锁文件双套不一致告警",界面显示校核结果,存储全站联闭锁文件双套不一致核对历史记录。若核对结果一致,界面显示校核结果,存储全站联闭锁文件双套不一致核对历史记录,可进一步选择进行单个监控主机的"全站联闭锁逻辑文件"校核。全站联闭锁文件双套不一致核对流程如图 2-20 所示。

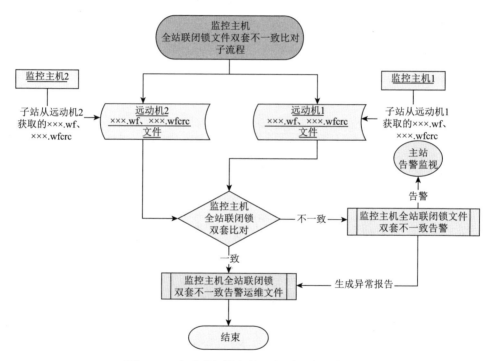

图 2-20　全站联闭锁文件双套不一致核对流程

3. 全站测控联闭锁逻辑文件管理

主站利用从监控主机召唤的"全站联闭锁逻辑文件"及"测控联闭锁逻辑文件校验记录文件"配置文件,校验召唤"全站联闭锁逻辑文件"与本地存储的标准"全站联闭锁逻辑文件"是否一致。不一致时输出全站联闭锁逻辑文件变化告警，界面显示校核结果，存储全站联闭锁文件双套不一致核对历史记录；一致时存储全站联闭锁文件双套不一致核对历史记录。全站测控联闭锁逻辑文件校核流程如图 2-21 所示。

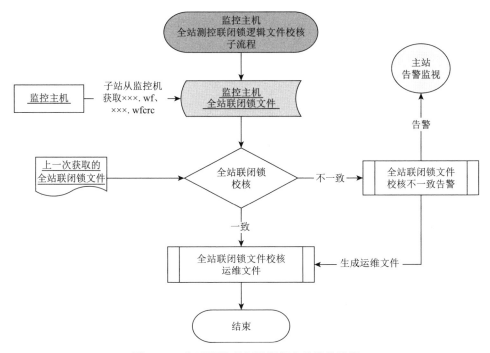

图 2-21 全站测控联闭锁逻辑文件校核流程

4. 测控联闭锁逻辑文件管理

主站获取测控装置的测控联闭锁逻辑文件并计算校验码，再用计算出的校验码与"全站测控联闭锁逻辑文件校验记录文件"对应测控联闭锁校验码进行比对，实现测控联闭锁逻辑文件一致性校验。校验异常时输出测控联闭锁逻辑文件异常告警及测控联闭锁逻辑文件异常运维文件，界面显示校核结果，存储测控联闭锁逻辑文件不一致校核历史记录。测控联闭锁逻辑文件管理流程如图 2-22 所示。

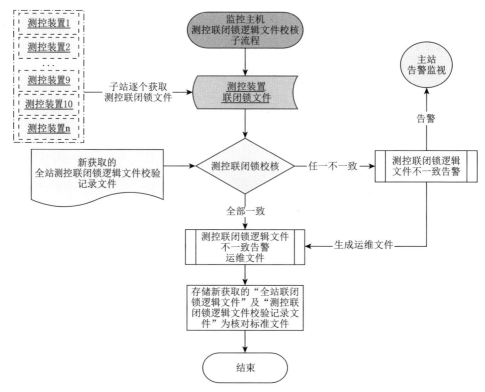

图 2-22　测控联闭锁逻辑文件管理流程

三、测控装置参数在线运维

测控装置是支撑变电站数据采集、设备操作等重要业务功能的关键设备，其参数包括遥测参数、遥信参数、遥控参数、同期参数等。采用 IEC 6150 文件服务，通过装置参数文件（formatted_set.xml），实现装置参数在线浏览、修改和核对。

（1）子站手动/周期从测控装置召唤装置参数文件，实现装置运行参数与整定参数的核对，异常时输出"参数不一致告警"及相应运维文件。

（2）主站通过子站从测控装置召唤装置参数文件，实现装置运行参数与整定参数的核对，异常时输出"参数不一致告警"。

（3）主站收到子站上送的"参数不一致告警"后，主站主动召唤相应的运维文件；在主站端解析获取的运维文件并展示（可依据运维文件中不一致装置的记录，进入测控装置参数管理功能，进行装置参数文件召唤与核对）。

四、数据通信网关机参数配置在线运维

数据通信网关机实现变电站与调度、生产等主站系统之间的通信，为主站系统实现变电站监视控制、信息查询和远程浏览等功能提供数据、模型和图形的传输服务，是变电站监控系统核心信息传输设备。参数配置项包括系统参数（网卡参数配置、路由参数配置、NTP 对时参数配置）、DL/T 860 接入参数、DL/T 634.5104 参数、Q/GDW273 参数及 DL/T 476 参数等装置本体、设备接入与数据转发的配置信息。参数配置在线运维方案采用 IEC 6150 文件服务，通过装置参数配置文件（formatted_set.xml），实现数据通信网关机参数配置在线浏览、修改和核对。

（1）子站手动/周期从数据通信网关机召唤远动参数文件，并与数据通信网关机标准参数单进行核对，实现数据通信网关机运行参数在线校核。校核异常时输出"数据通信网关机运行参数不一致告警"（每个周期须对所有远动装置运行参数进行核对，待全部装置核对完，对存在不一致的装置再发送告警）及相应的运维文件。

（2）主站手动通过子站从远动装置召唤运行参数定值文件，实现远动装置运行参数定值校核，校验异常时输出"远动参数不一致告警"。

（3）主站收到子站上送的"数据通信网关机运行参数不一致告警"后，主站主动召唤相应的运维文件；点击对应告警信息展示相应的运维文件（可根据运维文件中不一致装置的记录，进入远动装置运行参数管理页面进行远动参数文件召唤与校核操作）。

（4）运维管控系统利用下装数据通信网关机运行参数（gatewaypara.cime）文件，实现远动装置远程修改参数功能，包括动态增加路由参数、远程修改通信参数等。

第五节

监控系统核心业务在线运维技术

变电站监控系统实现了变电站一次设备集中监视和控制，数据采集的正确性、设备可靠控制直接影响电网调度和监控业务，主要涉及遥测遥信核对、遥控回路监视诊断等检修业务。

一、远动点表在线校核

远动点表是支撑 EMS 系统、集控系统与变电站一次设备运行数据与设备远方操作等重要业务功能信息交互唯一数据模型，包括基本信息（变电站名称、调度单位）、版本信息（远动点表版本记录）、合并信号信息（合并逻辑、计算公式）、遥测转发信息（极性等）、遥信转发信息、遥控转发信息及遥调转发信息等。

远动点表校核需要确保两台数据通信网关机远动点表的一致性，每台数据网关机的"远动点表"与"监控信息表""EMS 前置点表"一致性，远动点表中每个信息点与 SCD 模型对应信息的映射关系的一致性，利用远动点表信息静态模型映射关系校核方法进行远动信息点表在线校核，消除远动点表异常变化隐患。远动点表校核利用"监控信息表""EMS 前置点表""RCD文件"间 104 地址、信息描述、DL/T 860 路径名的映射关联关系，联合校验三者的静态模型点表映射逻辑。（如图 2-23 所示）

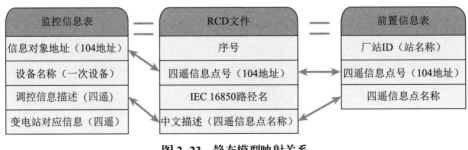

图 2-23　静态模型映射关系

主站通过子站召唤获取数据通信网关机 RCD 文件、全站 SCD 文件，由 SCD 文件、RCD 文件、"监控信息表"和"EMS 前置点表"进行分析比对形成以"［变电站名］_［通道名］_［序号］_ST. rcd"为命名的标准 RCD 文件，作为远动点表校核的标准 RCD 文件。

远动点表校核流程：主站发起远动点表双机校核指令，子站收到后，从双套数据通信网关机分别获取 RCD 文件，子站核对两个 RCD 文件静态模型点表是否一致。结果不一致则触发"RCD 文件双套不一致告警"。双机核对结果一致，可选择单个 RCD 文件与标准 RCD 文件进行静态模型点表是否一致校核，若结果不一致则触发"远动点表信息核对异常告警"。（如图 2-24 所示）

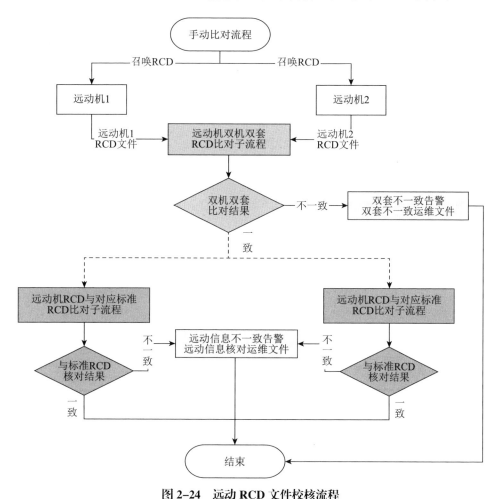

图 2-24　远动 RCD 文件校核流程

远动装置的 RCD 文件包括地调、省调、集控站的 RCD 文件，主站远动点表校核按照地调、省调、集控站分别进行校核。

RCD 文件校核流程如图 2-25 所示。

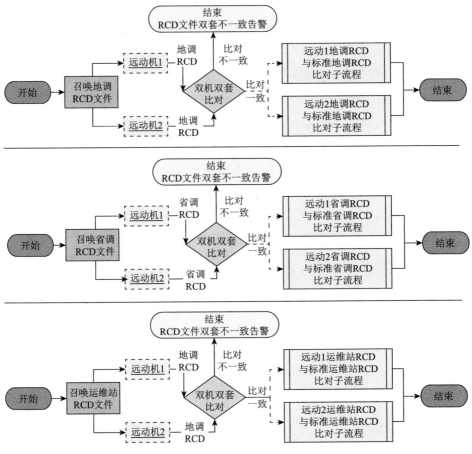

图 2-25 RCD 文件校核流程

远动点表双机校核流程如图 2-26 所示。

单台远动装置与标准 RCD 文件的静态模型点表核对流程如图 2-27 所示。

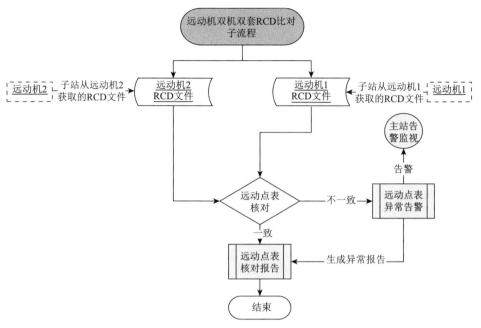

图 2-26 远动点表双机校核流程

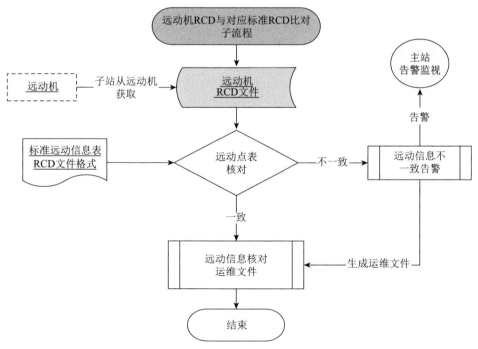

图 2-27 单台远动装置与标准 RCD 文件的静态模型点表核对流程

二、遥测遥信多源校核

定期校核间隔装置、数据通信网关机、调度（集控）系统的遥测遥信一致性，是核验变电站监控系统与调度（集控）系统间的遥测数据一致、遥信状态一致，同时，通过遥测遥信的自动核验工作，可及时发现装置的量测回路、开入回路，远动数据接入与转发、调度（集控）系统数据接入等异常问题。

运维子站实时采集装置的遥测遥信数据，并实时转发至运维主站系统，当执行遥测遥信多源校核功能时，运维主站以远动实时断面配置描述文件（RCD_RT 文件）为遥测遥信实时数据载体，实现数据通信网关机、EMS 系统、监控主机实时断面数据的提取和交换，采用任务分解、统一触发、多点协同模式，汇集多源实时断面数据，进行基于负荷特征基准阈值的数据一致性校核，校验运维主站实时数据与远动断面数据、远动断面数据与调度主站断面数据的偏差是否超过限制，遥信状态是否一致，判断装置到数据通信网关机，数据通信网关机到调度主站之间遥测遥信的一致性，进而对装置量测回路、开入回路进行异常定位分析。遥测遥信多源校核流程如图 2-28 所示。

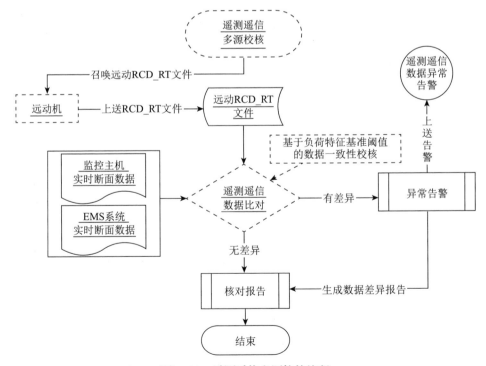

图 2-28　遥测遥信多源校核流程

RCD_RT 文件是在数据通信网关机 RCD 文件的基础上增加了实时数据的信息，并通过 DL/T 860 文件服务方式响应在线召唤 RCD_RT 文件。远动断面数据文件如下。

```
//远动断面数据文件采用xml格式，主要是在RCD的基础上增加实时数据的信息，因此
原则上遵循RCD定义。本附录重点是差异性说明：
<!Entity=RCDVersion=1.0Code=UTF-8data=1.0time='2017-05-0214:32:17'!>
Time为本次断面存储的时间。
<遥信转发信息>
@    sn    yx_no    reference des alias type negative  timeTag  private
//    序号    遥信点号        DL/T860路径名  中文描述    别名    遥信类型    极
性    是否带时标    私有信息 远动实时值

<遥测转发信息>
@    sn    yc_no    reference des alias type timeTag  factor    offset    thresholdprivate
//    序    遥测点号        DL/T860路径名  中文描述    别名    遥测类型    是
否带时标    系数    基准值 死区    私有信息 远动实时值

<遥脉转发信息>
@    sn    ym_no    reference des factor    offset    private
//    序号    遥脉点号        DL/T860路径名  中文描述    系数    基准值 私有信
息 远动实时值
```

运维子站支持定期校核子站实时数据与数据网关机断面的，当量测遥测遥信不一致时，主动上送变电站遥测遥信多源校核不一致告警，并上送详细的校核报告，提醒主站发起与调度主站三侧的遥测遥信多源校核，进一步进行异常诊断。

变电站遥测遥信多源校核报告定义与示例如下，文件字段属性说明如表2-27所示。

```
*遥测遥信校核报告格式,采用xml格式，文件示例如下：
<STATtype="季测试"subname="测试变电站"volclass="220kV"rtuchn="1"time="2019-7-7
15:10:10.0">
<IEDname="通信网关机1"desc="通信网关机1"DeviceId="gateway1">
<ReportInfo>
     <TelemeterInfoAddr="6"  type="">//InfoAddr    ：RCDRT文件中遥测点点号，type：
保留
          <infoDesc>郎仙2Q58线CSI-200F-DA-1_P</infoDesc>  //RCDRT文件中测点描述;
          <infoUnit>kW</infoUnit>                          //遥测点单位
```

```
<path>CL2201MEAS/LinMMXU1$MX$TotW$mag$f</path>    // RCDRT文件中测点路径;
<RCDRTVal>3.24</RCDRTVal>                          // RCDRT文件中测点实际值;
        <SUBSTATIONVal>3.26</SUBSTATIONVal>      //运维子站实时采集值;
<Result>0</Result>                                //遥测量比较结果;
</Telemeter>
……
        <TelesignalInfoAddr="1"type="">//InfoAddr   ：RCDRT文件中遥信点点号，type：保
留
        <infoDesc>郎仙  2Q58 线 CSI-200F-DA-1_断路器A相位置-开关A相分位双位置</
infoDesc>    //RCDRT文件遥信点描述;;
<path>CL2201CTRL/CBCSWI1$ST$PosA$stVal</path>     // RCDRT文件中遥信点路径;
<RCDRTVal>3.24</RCDRTVal>                          // RCDRT文件中测点实际值;
        <SUBSTATIONVal>3.26</SUBSTATIONVal>      //运维子站实时采集值;
<Result>0</Result>                                //遥信点比较结果;
</Telesignal>
……
</ReportInfo>
</IED>
</STAT>
```

表 2-27　字段属性说明

字段名	含义	类型	说明
DeviceId	IED_ID	string（1–256）	装置的 61850 reference
name	装置名称	string（1–64）	装置名称
InfoAddr	遥信或遥测点号	int 16	RCDRT 文件中遥信或遥测点号
infoDesc	遥信或遥测描述	string（1–256）	RCDRT 文件中遥信或遥测描述
infoUnit	遥测单位描述	string（1–16）	遥测单位描述
path	RCDRT 文件中遥测或遥信点的 DL/T 860 路径名	string（1–256）	RCDRT 文件中遥测或遥信点的 DL/T 860 路径名
RCDRTVal	RCDRT 文件中遥测或遥信点的实际值	string（1–32）	RCDRT 文件中遥测或遥信点的实际值
Result	检验结果	int 16	枚举 0：校验一致 1：校验不一致 2：当前数据无效

三、遥控回路异常诊断

变电站遥控功能是保障电力系统供电可行性关键业务场景的应用功能，也是保障变电站就地、远方主站（调度系统、集控系统）等必须可靠并正确

的应用功能，遥控功能异常会极大影响电网运行安全，并给运维人员造成巨大的作业安全风险。遥控功能预试为调度、运维人员验证遥控功能可用性提供了技术支撑工具，并在遥控异常时，辅助运维人员分析判断遥控操作命令失败的原因，分析定位导致遥控异常的故障点，提升运维人员验证与消除遥控异常的工作质量与效率。

遥控回路异常诊断是利用遥控指令的"①选择→②反校→③执行→④确认"操作步骤测试系统遥控功能是否可用，目的是在系统运行过程中测试远动至测控装置当前是否可执行遥控命令，同时也可辅助检测 EMS 系统执行遥控操作失败是否是由远动机至测控装置本身异常导致。关键做法是在"①选择→②反校"选择令成功后，在"③执行"操作时执行"取消遥控"的命令，测控装置反馈"遥控失败的确认状态"。遥控回路异常诊断技术方案如图 2-29所示。

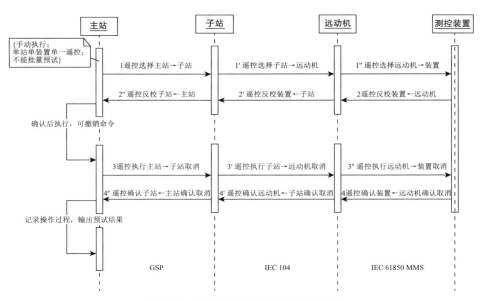

图 2-29　遥控回路异常诊断技术方案

遥控回路异常诊断过程如图 2-30 所示。

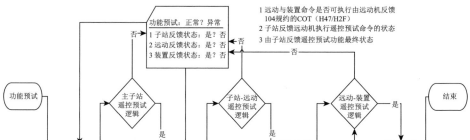

图 2-30 遥控回路异常诊断过程

（1）主站发起遥控预试命令（"遥控选择"），子站收到命令后启动遥控回路异常诊断记录，子站可执行命令则转发命令至数据通信网关机，不能则向主站发送遥控失败告警并记录序列化报告。

（2）数据通信网关机收到子站转发的"遥控选择"命令（104 遥控报文），若无联闭锁或其他异常状态，则转发命令（DL/T 860 遥控报文）至测控装置，否则，发送遥控命令失败的状态（104 COT：H47/H2F，命令失败/命令超时）报文至子站，子站收到返回的状态后，在序列化报告添加标记及失败原因，并主站发送遥控失败告警。

（3）测控装置收到数据通信网关机发送的遥控命令（DL/T 860 遥控报文），若装置无联闭锁或其他异常状态，则执行遥控选择命令，否则，装置发送遥控命令失败的状态报文（DL/T 860 遥控失败报文）至数据通信网关机，并将状态转发至子站（104 COT：H47/H2F，命令失败/命令超时），子站收到返回的状态后，在序列化报告添加标记及失败原因，并向主站发送遥控失败告警。

（4）主站收到"遥控命令反校"后可执行"遥控执行命令"，过程与"遥控选择"相同，最后由测控装置反馈的"遥控取消确认"确定整个遥控回路异常诊断的结果。

（5）主站可通过子站召唤数据通信网关机的"遥控报文记录文件"及"日

志文件记录"查看执行过程和分析交互报文。

遥控回路异常诊断的整个过程中由子站记录所有执行过程，形成序列化报告，成功或失败子站均发送告警信息至主站，主站可依据告警查询子站序列化记录报告。

主站通过子站召唤数据通信网关机的"遥控报文记录文件"及"日志文件记录"查看数据通信网关机执行过程和分析交互报文。

主站通过子站召唤网络报文分析及记录装置的"遥控记录报告"，查看遥控过程涉及的远方主站（监控后台、运维主站、运维子站）、数据通信网关机、测控装置、智能终端等自动化设备的信息交互记录，包含104、MMS/CMS、GOOSE协议报文。

以序列化记录报告为主时间轴，对比数据通信网关机的"遥控报文记录文件"和网络报文分析及记录装置的"遥控记录报告"，分析主站（监控后台、运维主站、运维子站）、数据网关机、测控装置、智能终端等自动化设备的在执行遥控命令的信息交互，进而定位遥控回路异常原因，定位故障点。

四、远动通道预配置

变电站数据通信网关机通常与多个主站系统（EMS、集控）通信，当主站系统进行前置通信设备改造、通信地址变更等涉及增加数据通信网关机远动通道工作时，运维人员都需要进驻变电站现场工作，这样做既耗费人力又存在一定的安全隐患。因此，基于现有数据网关机参数配置文件，采用远动通道预配置技术，可实现数据通信网关机远程增删通道，进而完成与新接入主站的业务交互，减少运维人员进站次数，提升运维工作效率。

（一）远动通道预配置说明

通过数据通信网关机参数配置文件中104通信参数配置表进行远动通道预配置，将已经配置好并与主站正常通信的通道进行参数复制。预配置通道名称加"备用"字样，便于识别，其中主站IP为"null"表示该通道没有与主站进行连接，处于不启用状态。104通信参数配置文件示例如下。

```
<104通信参数配置表>
@ sn channelname    serverIP mainstationIP serverport mainstationIP KW T1 T2 T3
//序号 通道名称 服务端IP 主站 IP 地址 服务端端口号 K值 W 值 T1 参数(s)T2参
数(s) T3 参数(s)
# 1 地调_NET1_主调3#10.33.80.33 33.100.216.129 10.33.80.33 2404 12 8 15 10 20
# 2 地调_NET1_备调3#10.33.80.33 33.100.216.129 10.33.80.33 2404 12 8 15 10 20
# 3 地调_NET3_备用 33.100.216.129    null 2404 12 8 15 10 20
# 4 地调_NET4_备用 33.100.216.129    null 2404 12 8 15 10 20
# 5 省调_NET1_主调3#10.33.80.33 33.100.216.129 10.33.80.33 2404 12 8 15 10 20
# 6 省调_NET1_备调3#10.33.80.33 33.100.216.129 10.33.80.33 2404 12 8 15 10 20
# 7 省调_NET3_备用 33.100.216.129    null 2404 12 8 15 10 20
# 8 省调_NET4_备用 33.100.216.129    null 2404 12 8 15 10 20
# 9 集控_NET1_主调3#10.33.80.33 33.100.216.129 10.33.80.33 2404 12 8 15 10 20
# 10 集控_NET1_备调3#10.33.80.33 33.100.216.129 10.33.80.33 2404 12 8 15 10 20
# 11 集控_NET3_备用 33.100.216.129    null 2404 12 8 15 10 20
# 12 集控_NET4_备用 33.100.216.129    null 2404 12 8 15 10 20
# 13 地调_NET4_运维 33.100.216.129    null 2404 12 8 15 10 20
// 通道名称与RCD文件名一致
</104通信参数配置表>
```

（二）通道名称定义

通道名称命名方式为"调度级别 _ 通道标识 _ 别名"，要求如下。

（1）调度级别：用于表示相应调度机构，如省调、地调、集控站等，用于与对应远动点表 RCD 文件关联。

（2）通道标识：用于数据通信网关机 ICD 模型中调度通信遥信点进行关联，对应每个调度级别下的唯一通道标识。

（3）别名：识别通道是否启用。

运动通道名称示例：

地调 _ NET1_ ××××、省调 _ NET1_ ××××、集控站 _ NET1_ ××××

运维通道名称示例：

·地调 _ NET 1_ 运维、省调 _ NET 1_ 运维、集控站 _ NET 1_ 运维

（三）通道的启与停

通道启停要求如下。

（1）当主站 IP 为 null 时，说明本通道不需要与主站进行连接，通道关闭。

（2）当主站 IP 为实际 IP 地址时，本通道允许配置的主站 IP 进行连接，

并进行报文交互。

（3）如果主站 IP 与远动机中运行通道的 IP 没有任何变化，则运行通道会继续运行，不会停止。

（4）如果主站 IP 与远动机中运行通道的 IP 出现变化，则通道会先停止，更改为新的配置后继续运行。

（5）主站 IP 地址中，对一个调度主站有多个前置 IP 的情况，允许填写到多个主站 IP，以分号（；）进行分割。

（四）路由参数配置修改

路由配置按照点对点方式，远方修改路由参数表并下装远动装置生效。路由参数配置文件示例如下。

```
<路由参数配置表>
@ sn        localgatewayl    remotegateway    remotemask
//序号      路由 n 本侧网关   路由 n 对侧网关   路由 n 对侧掩码
# 1        33.100.216.190   10.33.80.33      255. 255. 255. 255
# 2        33.100.216.190   10.33.80.34      255. 255. 255. 255
# 3        33.100.216.190   10.33.80.35      255. 255. 255. 255
# 4        33.100.216.190   0.0.0.0          0.0.0.0
</路由参数配置表>
```

第六节

全景运行镜像不停电验证技术

电网运行方式调整和集中监控操作对变电站自动化设备的控制可靠性要求极为严苛，所有涉及电网一次设备的控制都需要经过充分的试验验证，确保控制的安全可靠。而变电站改扩建时，改造或扩建间隔变动，在运间隔的防误逻辑、操作票等控制相关配置往往会随之改变，从而需要申请停电重新进行试验验证，给电网的整体供电可靠性带来很大影响，所以迫切需要开展面向控制的不停电验证技术，主要包括一键顺控操作票的不停电验证和全站防误闭锁逻辑的不停电验证。

站控层监控系统作为全站一二次设备运行数据的汇聚中心，实现对变电站设备实时运行的全景数据的采集、存储、展示和分析等功能。系统基于当前变电站监控系统实时采集的全景设备运行数据，在实时运行的系统环境中构建变电站设备全景运行镜像环境，获取某一时间断面的全景镜像数据，主要包括镜像数据库、模型库和图形库等，系统不仅可实现实时运行环境和镜像环境的切换，而且可实现实时运行环境和镜像环境的安全隔离，保证监控后台运维业务在镜像环境下运行时不影响变电站实时运行。对间隔层测控装置，提出了集中式冗余后备的测控装置镜像技术，设计研发了变电站集中式冗余后备测控装置，单台装置实现多个间隔测控装置的功能、逻辑完全镜像，采用与间隔测控完全等价的模型、配置、参数，其功能行为与实际运行的测控装置完全一致，从而确保了对间隔层控制逻辑的高可靠验证。监控系统运行镜像与冗余后备测控协同配合，构建了面向控制的全景不停电验证技术。

变电站设备全景运行镜像构建技术，主要是为变电站操作类运维业务提供技术支撑，保证操作类运维业务在闭环验证过程中，完全基于变电站监控系统镜像数据，完成对镜像环境下的数据库、模型库和图形库的预制、修改、发布和反向更新等工作。镜像构建技术主要基于当前变电站监控后台实时采集的全景设备运行数据，在监控后台环境中构建变电站设备全景运行镜像环境，获取某一时间断面的全景镜像数据，主要包括镜像数据库、模型库和图形库等，监控后台不仅可实现实时运行环境和镜像环境的切换，而且可实现实时运行环境和镜像环境的安全隔离，保证监控后台运维业务在镜像环境下运行时不影响变电站带电运行。监控后台全景运行镜像运维业务如图2-31所示。变电站操作类运维业务主要包括一键顺控操作票不停电验证、联闭锁逻辑不停电可视化验证等业务，完全在全景镜像环境下，实现与变电站内智能五防机和冗余后备测控设备的动态联动，正确验证变电站操作票等静态文件合法性、全站联闭锁逻辑文件的一致性以及变电站遥控功能的正确性等。同时，基于当前镜像环境下的变电站全景数据，可人工核对并修改镜像环境下数据。在验证正确的情况下，反向发布数据到实时运行环境，更新实时运行环境下的监控后台数据或文件，实现虚实运行环境数据的联动。

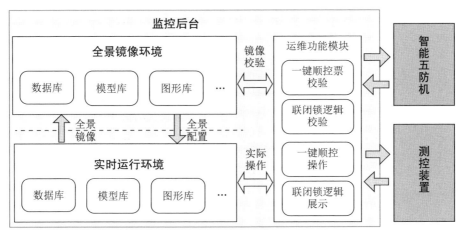

图 2-31 监控后台全景运行镜像运维业务示意

测控装置的镜像构建基于冗余后备测控装置采用的实体测控虚拟化技术实现（如图 2-32 所示）。冗余后备测控能够同时运行多个虚拟测控单元，采用配置等价原理，将实体测控装置的配置信息映射到标准间隔信息表，然后按标准间隔信息表构建和配置虚拟测控单元的内存变量表，可以实现实体测控数据到虚拟测控单元数据的映射以及实体测控装置的功能的替换。冗余后备测控中的虚拟测控单元的模型、参数和配置与实体测控保持一致，具备被替换实体测控的交流采样、状态信号采集、同期操作、刀闸控制、全站防误闭锁等全部功能，可实现与实体测控的完全等价。在此基础上，冗余后备测控作为实体测控的镜像设备可以配合监控系统完成系列不停电验证等工作。

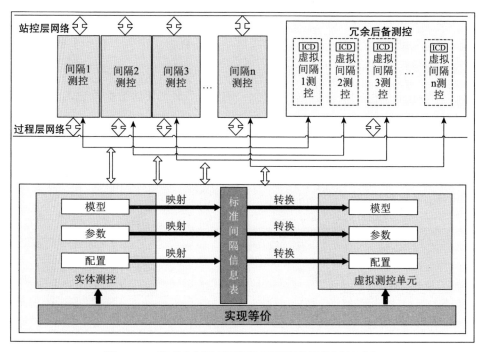

图 2-32 基于冗余后备测控装置的测控镜像原理示意

第三章

一键重命名

变电站监控系统修改间隔名称是变电站日常维护中一项常见的工作，命名修改涉及数据库、一次接线图画面、一体化五防、操作票、报表等。变电站监控系统的制造厂商多，不同监控系统结构差异性大，操作步骤繁杂不一，现场检修维护人员难以掌握，人工修改工作量大，且容易出现错改、漏改的情况，影响监控系统安全运行。一键重命名功能的应用，可达到全站一处修改重命名全局生效的目的，有效降低间隔名称、调度编号修改工作的安全风险，大幅提升现场工作效率。

第一节
功能及技术方案

一、功能描述

监控系统的工程数据，远期目标是一体化配置，一处维护，全局生效。对现阶段各应用独立维护数据的实际情况，实现统一修改入口，全站模型数据统一维护管理，自动进行模型中间隔名称、调度编号、设备及信息名称的一致性同步。一键重命名系统具有扩展性，一键重命名系统和各应用之间，可实现接口标准化，由一键重命名系统将信息传递至各应用，实现描述信息同步，避免维护人员手动进行各应用同步。一键重命名工具不只考虑字符串搜索替换，而是从模型及设备关联性出发，通过装置模型及描述的映射关系，进行信息同步及替换。

二、技术方案

一键重命名以监控数据库作为修改源头，同步全站 SCD 文件，通过串行序列方式进行其他工程模型及参数配置的修改，一处修改，全局自动同步。

序列化改名过程中每步给出操作提示，人工确认后方可进行后续操作。重命名字符匹配采用全字符精准匹配方式，命名修改完成后，生成完整的修改记录及日志文件。为了保证安全性，重命名工具启动后强制进行整个监控后台备份，并将备份文件打上时间戳。退出一键重命名工具时，自动进行备份。智能变电站监控系统间隔一键重命名业务流程如图3-1所示。

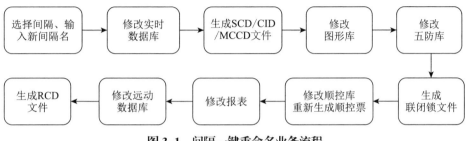

图3-1 间隔一键重命名业务流程

（一）一键重命名实现原理

一键重命名实现原理包括数据获取过程、匹配过程和替换过程三部分（如图3-2所示）。

数据获取过程包括数据获取命令发送和数据结果返回。一键重命名工具作为名称更改的发起端，负责发送数据获取命令。各配置工具接收到数据获取命令后，组织修改范围内的数据，以数据项列表形式返回数据项至一键重命名工具，每个数据项包括描述、类型、容器、资源等内容。一键重命名工具根据数据项对应的对象进行归类，如将相同 Reference 或关联该 Reference 的数据归为一类，认为是同一数据对象。

匹配过程指用户输入需要修改的间隔名称/设备名称/设备编号，作为待替换字符，一键重命名工具在获取的数据中搜索描述信息包含待替换字符的数据。

匹配过程完成后，进入替换过程。用户输入替换后的间隔名称/设备名称/设备编号，作为替换后字符，选择需要替换的数据项，进行替换操作。数据项描述信息中的待替换字符将更改为替换后字符，描述信息中其他字符保持不变，审核替换结果无误后，使用一键重命名工具的保存功能生效替换结果。一键重命名工具发送替换命令至相关配置工具，替换命令中包含替换后的数据项，配置工具根据数据项描述信息更新原有数据，并进行保存和同步等操作。

配置工具完成后发送执行结果至一键重命名工具。

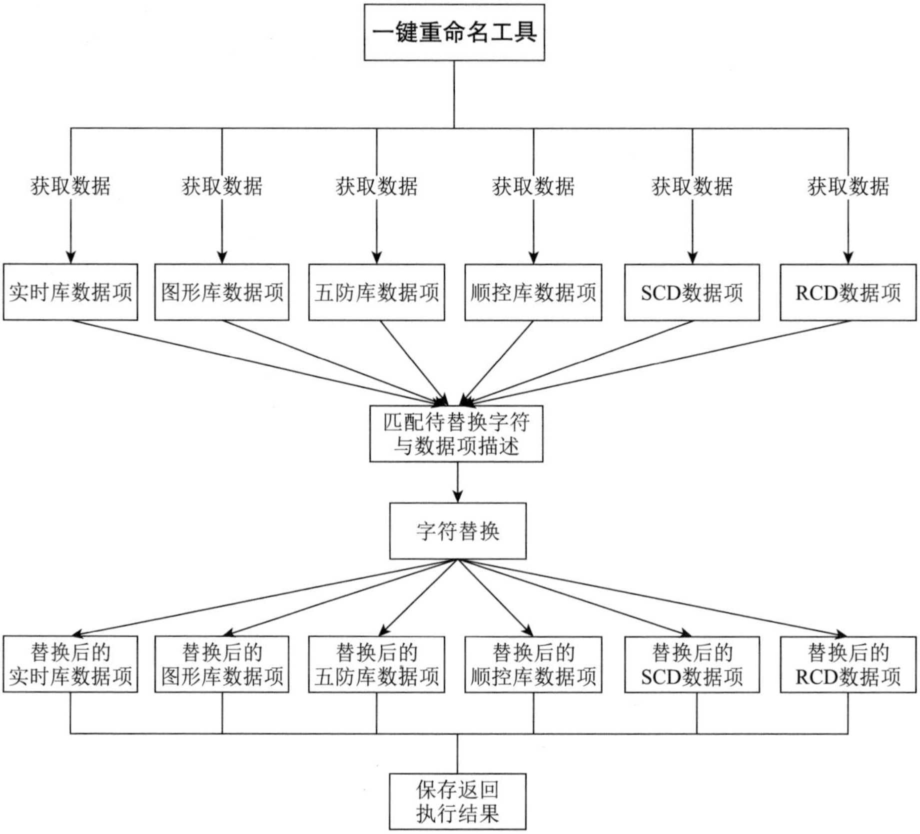

```
                        一键重命名工具
```

图 3-2　一键重命名替换过程

（二）修改范围实例

1. 实时库

实时库中数据因间隔名称、设备调度编号、设备名称发生变化，需要修改的内容包括间隔表中的间隔名称、四遥表中的数据点名称、设备遥控双编号、设备表中的设备名称和设备描述等。

间隔名称和四遥名称可以通过实时库组态工具进行修改，再同步至全站系统配置文件（SCD），或者通过系统配置器进行修改，保存至 SCD 后，再同步至实时库。双编号、设备名称、设备描述可以通过实时库组态工具进行修改。

2. 图形库

图形库中数据因间隔名称、设备调度编号、设备名称发生变化，需要修改的内容包括图形列表中的图形名称（如间隔分图的图形名称），图形文件中具备字符显示功能的图形元素（包括文本标签、功能按钮、动态、数据标记、光字牌等），图形文件中根据图形名称、间隔名称等参数进行关联的图形元素（如图形跳转按钮中关联的跳转图形名称）。以上内容可以通过图形编辑工具进行修改。

3. 五防库

五防库中数据因间隔名称、设备调度编号、设备名称发生变化，需要修改的内容包括间隔信息中的间隔名称、一次设备的名称。以上内容可以通过五防编辑工具进行修改。

4. 顺控库

顺控库中数据因间隔名称、设备调度编号、设备名称发生变化，需要修改的内容包括顺控态的条件名称、顺控票的名称、顺控票中操作项目的描述。以上内容可以通过顺控编辑工具进行修改。

5.SCD 文件

SCD 文件因间隔名称、设备调度编号、设备名称发生变化，需要修改的内容包括间隔描述与装置描述、数据名称等。以上内容可以通过系统配置器进行修改，或者同步监控实时库的数据。

6. 远动装置配置描述文件（RCD）

RCD 文件因间隔名称、设备调度编号、设备名称发生变化，需要修改的内容包括合并计算参与量信息中实际接入数据的描述、遥信转发信息、遥测转发信息、遥控转发信息等。以上内容可以通过远动配置工具进行修改。

（三）一键重命名工具

1. 功能界面

在监控后台运行界面中，点击一键重命名功能按钮，进行权限校验后，进入一键重命名界面。界面包括变电站结构区域、操作区域、结果显示区域（如图 3-3 所示）。

图 3-3 一键重命名工具界面

图 3-3 中左侧为变电站结构区域。该区域以树形结构显示变电站结构，层级为"变电站→电压等级→间隔"。选择对应节点则只对节点对应的间隔内的数据进行修改，默认选择变电站节点则对站内所有数据进行修改；选择电压等级节点则对该电压等级下所有间隔的数据进行修改；选择间隔节点则对该间隔对应的数据进行修改。

图 3-3 中右侧上方为操作区域。该区域上部包括要修改的"原名称"和修改后的"改后名称"，以及"替换"按钮。在"原名称"中输入需要替换的间隔名称/设备名称/设备编号，在"改后名称"中输入替换后的名称。点击"替换"按钮后可在下方的结果显示区域中展示替换结果。

操作区域下方为结果显示区域，当在"原名称"中输入间隔名称时，结果显示区域将列出勾选类型中所有包含间隔名称的内容，点击"替换"按钮后，结果区域将列出更改后的间隔名称。

2. 一键重命名

输入原名称时，结果显示区域会列出所有匹配原名称的信息，并以红色字符表示与原名称匹配的字符（如图 3-4 所示）。

图3-4 一键重命名字符匹配

输入改后名称，点击"替换"按钮后，选择替换选项的信息会更改为替换后的信息，并以红色字符表示更改过的字符（如图3-5所示）。

替换后的数据作为修改的缓存数据存在，例如，替换数据原描述"线路间隔XXX"为"线路间隔ZZZ"后，再搜索原名称"线路间隔XXX"将不再显示已被替换的数据，搜索原名称"线路间隔ZZZ"将显示包括"线路间隔ZZZ"的原有数据和已替换为"线路间隔ZZZ"的缓存数据。如未保存，替换后的缓存数据不会生效，即重新打开一键重命名工具后，"线路间隔XXX"并未修改为"线路间隔ZZZ"。点击"保存＆同步"按钮，替换结果将生效，所有替换过的数据将在对应的库或文件中生成，对应的库或文件将更新，并生成一次以当前时间为记录时间的修改记录。

由于数据已修改，对于顺控票等需要进行校核且用循环冗余校验（CRC）的数据，如果原有顺控票为已校核状态，将更新为未校核状态，且需要更新CRC码。

图 3-5　一键重命名字符替换

3. 修改记录查询

修改记录界面左侧为修改记录对应时间的列表，在列表中选择记录时间后，界面右侧显示修改记录的具体信息，包括修改时间、修改人、修改内容等。修改内容包括序号、更改前名称、更改后名称、类型、容器、资源，与工具中显示的内容保持一致。（如图 3-6 所示）

图 3-6　一键重命名修改查询

第二节
应用案例

一、监控数据库修改

监控数据库中需要修改的内容包括：间隔名称、设备名称、遥信/遥测/遥控/遥脉/遥调等信息引用名称。

数据库修改具备修改结果预览功能（如图3-7所示）。

图3-7 一键重命名数据库修改

SCD根据监控实时库数据的修改进行更新，SCD更新范围至少包括如下内容。

/SCL/Substation〔'desc'〕

/SCL/Substation/VoltageLevel/Bay〔'desc'〕

/SCL/IED〔'desc'〕

/SCL/IED/AccessPoint/Server/LDevice/[LN0|LN]/DOI/DAI〔@name='dU'〕

根据更新后的 SCD 文件重新生成 IED 实例配置文件（CID）、过程层配置文件（CCD）、测控装置校验码描述文件（MCCD）等文件。CID、CCD、MCCD 等文件的下装在序列化流程中由人工确认方式操作。相应操作流程如图 3-8 所示。

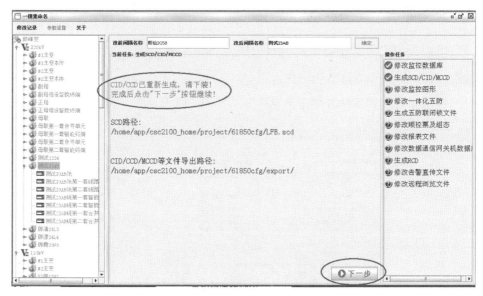

图 3-8　一键重命名 SCD 更新

二、图形文件修改

图形文件需要修改以下内容。

（1）图形文件名称。

（2）图形文件中具备字符显示功能的图形元素，包括文本标签、功能按钮、动态数据标记、光字牌等。

（3）图形文件中根据图形名称、间隔名称等参数进行关联的图形元素，包括图形跳转按钮中关联的跳转图形名称等。

图形文件修改具备修改结果预览功能（如图 3-9 所示）。

图 3-9 一键重命名图形文件修改

三、一体化五防修改

根据监控后台数据库一体化五防需要修改的内容包括间隔名称、设备名称、测点名称、典型操作票。

一体化五防修改具备修改结果预览功能（如图 3-10 所示）。

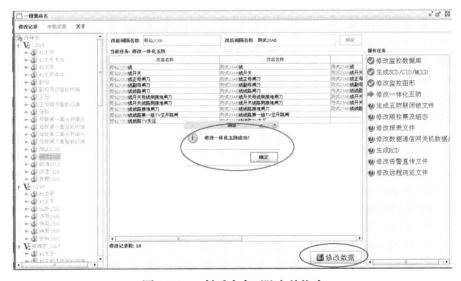

图 3-10 一键重命名五防文件修改

四、联闭锁文件更新

根据监控数据库重新生成联闭锁文件。联闭锁文件的下装在序列化流程中由人工确认方式操作（如图 3-11 所示）。

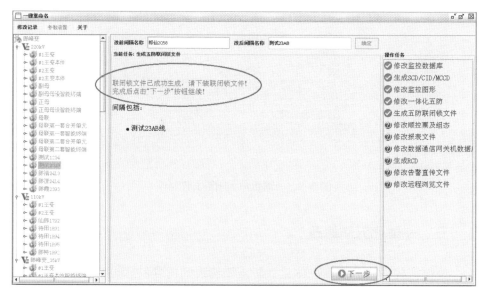

图 3-11　一键重命名联闭锁文件更新

五、顺控操作票及组态修改

顺控操作票及组态需要修改以下内容。

（1）间隔名称。

（2）设备态条件名称。

（3）操作票名称。

（4）操作项描述。

（5）顺控间隔分图名称。

（6）顺控操作项的执行前后条件描述。

一键改名后更新的顺控票置为"未校核"状态，需要重新进行校核。顺控操作票修改具备修改结果预览功能（如图 3-12 所示）。

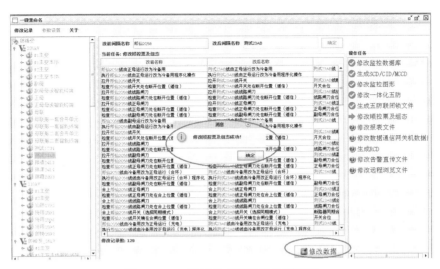

图 3-12　一键重命名顺控操作票修改

六、报表文件修改

报表文件需要修改以下内容。

（1）报表文件名称。

（2）报表内容信息。

报表文件修改具备修改结果预览功能（如图 3-13 所示）。

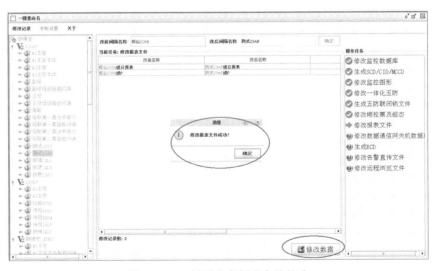

图 3-13　一键重命名报表文件修改

七、数据通信网关机数据库修改

数据通信网关机数据库需要修改以下内容。

（1）装置描述。

（2）接入遥信/遥测/遥控/遥调等信息引用名称。

（3）转发遥信/遥测/遥控/遥调等信息引用名称。

（4）合并点描述。

（5）RCD 文件。

数据通信网关机数据库修改具备修改结果预览功能（如图 3-14 所示）。

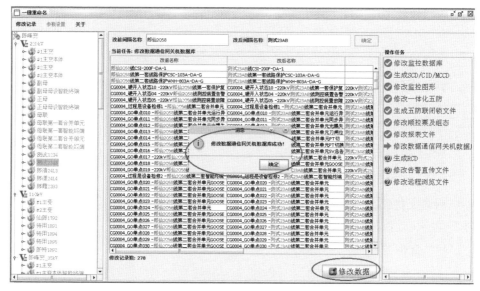

图 3-14　一键重命名数据通信网关机数据库修改

根据更新后的数据通信网关机数据库重新生成 RCD 文件。数据库和 RCD 文件的下装在序列化流程中由人工确认方式操作（如图 3-15 所示）。

图 3-15　一键重命名 RCD 文件更新

八、告警直传/远程浏览文件修改

告警直传/远程浏览需要修改以下内容。

（1）告警直传遥信文件。

（2）G 文件名称及内容。

（3）G 文件配置文件内容。

告警直传/远程浏览修改具备修改结果预览功能。

第三节
工程实施要点

一键重命名技术可实现一处维护，全局生效，基于查找替换的模式进行信息同步及替换，可减少检修人员、运维人员的手动修改工作，提高间隔命名修改效率和可靠性。

一、工程实施安全注意事项

（1）监控后台部署网安探针，在进行自动化工作前，需要申请调度进行网安挂检修牌。

（2）为防止间隔改名过程中出现错误，一键重命名功能开始时会自动创建备份文件，文件以当前修改时间命名并以压缩文件方式保存。现场不要删除备份文件。

二、一键重命名功能修改要求

（1）一键重命名功能权限开放给检修人员使用，运行人员不具备修改权限。

（2）一键重命名基于间隔双编号进行查找索引，修改时请核对需要修改的间隔名称及双编号，防止修改其他间隔。

（3）一键重命名修改后，需要人工检查各类别是否修改成功，个别内容存在不能完全匹配导致修改失败的可能。

（4）一键重命名修改后需要重启监控后台，保证修改内容全部生效。

三、一键重命名功能验收

（1）现场模拟信号，如切换远方就地把手信号，告警窗内信息显示正确。

（2）监控画面一次设备名称、光字牌、文本，图形文件名称、报表等显示正确。

（3）图形跳转按钮正常。

（4）一体化五防、顺控操作票修改正确。

（5）SCD、CID、MCCD 文件，联闭锁文件显示修改后间隔名称。

（6）数据网关机数据库文件更新正确。

（7）告警直传文件更新正确。

## 第四章

联闭锁逻辑可视化

监控后台、测控装置中的联闭锁逻辑是变电站防误闭锁的重要组成部分，监控后台联闭锁、间隔层联闭锁、电气（机械）联闭锁共同串联构成变电站防误闭锁体系。防误闭锁逻辑由运行人员提供给监控系统维护人员，通常以联闭锁逻辑文件的形式下载到监控后台和测控装置，以逻辑框图或规则文本等方式展示，其逻辑校验与规则展示功能分离，存在防误闭锁逻辑展示整体感不强、逻辑结构可理解性较差、闭锁逻辑仿真校验不方便、联闭锁逻辑文件可读性不强等问题。借助联闭锁逻辑可视化功能，可实现联闭锁逻辑可视化展示与可视化校验功能，方便运行人员查看运行操作中逻辑条件是否满足，方便检修人员开展联闭锁逻辑校核，可有效提升变电站联闭锁逻辑展示的逻辑完整性和结构可理解性，大幅提高了变电站运行维护与工程验收的操作便利化程度。

第一节
功能及技术方案

一、功能描述

联闭锁逻辑可视化功能部署在变电站监控后台，分为展示功能和校验功能，逻辑关系从监控后台的联闭锁文件实时获取，且监控后台的联闭锁文件与测控装置联闭锁文件保持一致。

联闭锁逻辑可视化展示功能基于实时数据库，以图形、符号等形式直观展示一次设备联闭锁逻辑规则和计算结果，为运维人员在日常操作过程中的联闭锁逻辑校验提供了可视化展示与确认手段。

联闭锁逻辑可视化校验功能采用镜像模拟实时库，进入校验工具时保存当前实时库数据断面，在镜像数据库中可模拟校验全站的联闭锁逻辑与计算结果，不影响监控主机正常运行。运维人员在工程验收时，借助该工具可对全站联闭锁逻辑进行可视化快速仿真验证，提升联闭锁逻辑验收工作效率。联闭锁逻辑可视化展示和校验功能如图 4-1 所示。

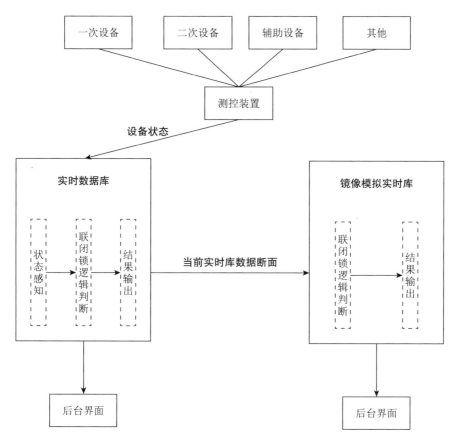

图 4-1 联闭锁逻辑可视化展示和校验功能

二、技术方案

（一）联闭锁逻辑可视化展示功能

联闭锁逻辑可视化展示采用实时数据库，当前监视画面只允许打开一个实时可视化窗口，设备切换后可视化窗口自动展示切换后设备的联闭锁逻辑。展示内容包括当前一次设备目标状态的联闭锁逻辑规则条件、实时状态及实时逻辑结果，操作对象目标态的联闭锁逻辑实时计算结果在操作行为描述上方进行显示，满足时使用绿色加粗字体（图中以实线标注）标注"满足"，不满足时使用红色加粗字体（图中以虚线标注）标注"不满足"。（如图 4-2 和图 4-3 所示）

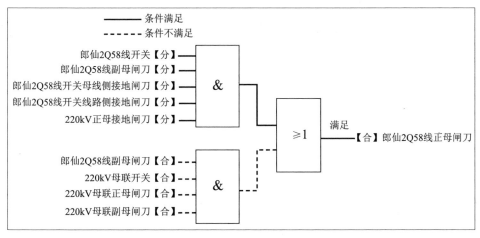

图 4-2　正母闸刀合操作规则逻辑校验满足

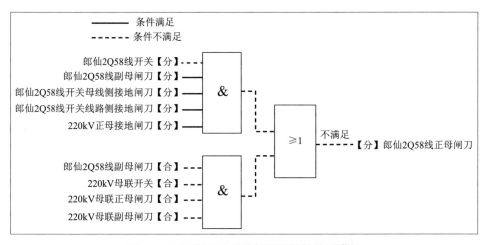

图 4-3　正母闸刀分操作规则逻辑校验不满足

当一次接线的当前设备为不定态或装置通信中断时，不展示联闭锁逻辑可视化界面并给出原因提示。当装置处于检修状态时，正常展示联闭锁逻辑可视化界面，展示当前设备的目标状态联闭锁逻辑，但目标态结果显示为不

满足。（如图 4-4、图 4-5 和图 4-6 所示）

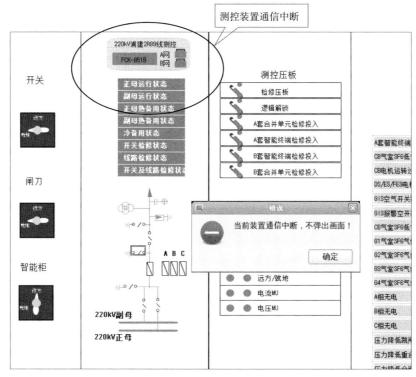

图 4-4　设备为装置通信中断时原因提示

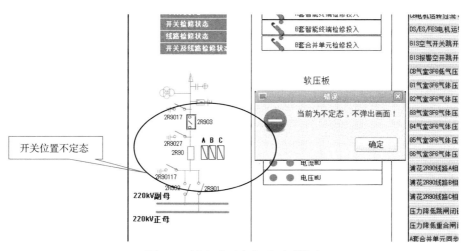

图 4-5　设备为不定态时原因提示

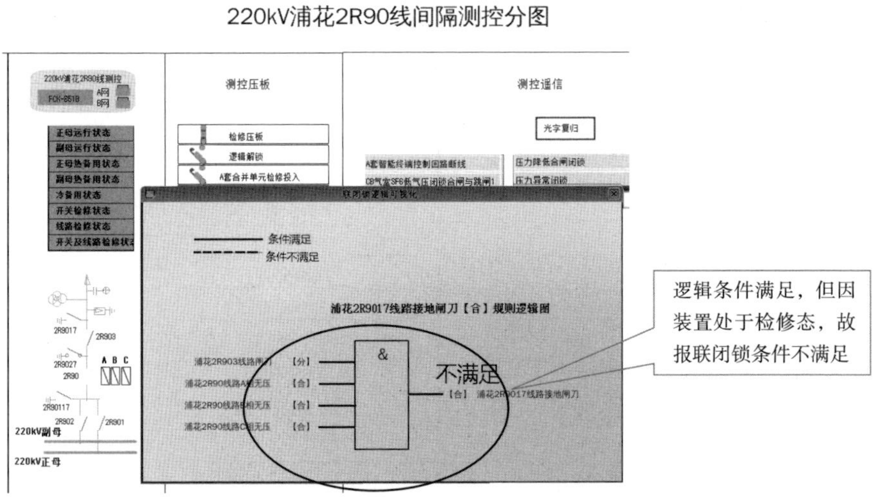

图 4-6 装置检修时联闭锁逻辑可视化界面

　　展示窗中逻辑条件的实时状态使用 2 种颜色刷新展示。绿色代表条件满足，红色代表条件不满足。"与"条件使用逻辑与门符号"&"表示，"或"条件使用逻辑或门符号"≥1"表示，逻辑门符号右侧为逻辑计算结果连接线和设备联闭锁逻辑的操作行为描述。模拟量逻辑条件可将逻辑条件中对应一次设备分位或合位的描述替换为模拟量计算逻辑符号和逻辑计算设定的数值。（如图 4-7 所示）

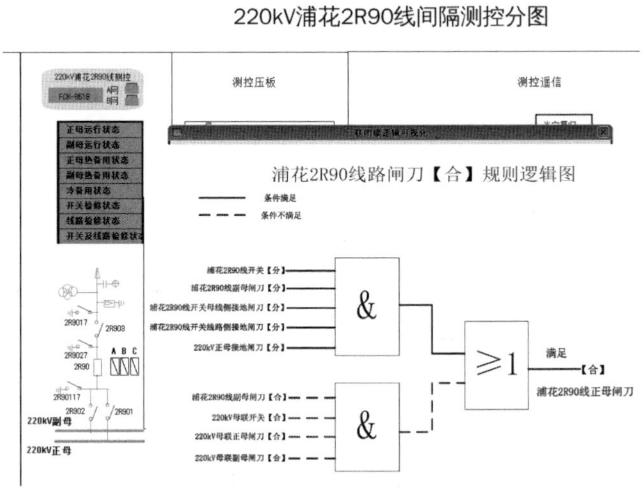

图 4-7 模拟量逻辑条件界面

（二）联闭锁逻辑可视化校验功能

联闭锁逻辑可视化校验采用镜像模拟实时库，在监控后台设置统一的调取入口，进入时需要进行用户权限验证（如图 4-8 所示）。

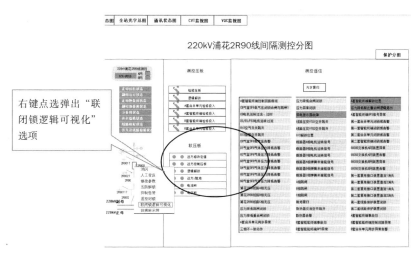

图 4-8　联闭锁逻辑校验工具入口界面

联闭锁逻辑校验工具界面分为树形列表区、可视化逻辑图区、状态模拟区三部分。树形列表区依次按树形层级关系展示变电站名称、电压等级、间隔名称、一次设备名称和一次设备操作行为描述；可视化逻辑图区与前述联闭锁逻辑可视化展示功能要求相同；状态模拟区按列表分为设备名称、实时状态和模拟状态三列，具备当前联闭锁规则所涉及设备的模拟置位功能。

状态模拟区设备名称列显示当前联闭锁逻辑规则所涉及一次设备名称；实时状态列显示一次设备的实时位置状态，实时状态列禁止修改；模拟状态列的设备状态允许修改，进行模拟置位，模拟置位包括"分""合""不定态"三种状态。模拟状态列在人工置位后，模拟状态单元格以红色底色显示，模拟置位采用下拉菜单选项方式选择设备"分""合""不定态"。实时状态列实时刷新显示实时值。

树形列表中操作行为描述节点具备当前联闭锁逻辑规则修改的功能，修改时要经过用户权限二次认证。联闭锁逻辑规则修改后同步更新全站联闭锁逻辑文件，并下装最新联闭锁逻辑文件至相应测控装置。（如图 4-9 和图 4-10 所示）

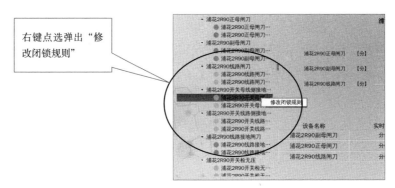

图4-9 当前联闭锁逻辑规则修改选择

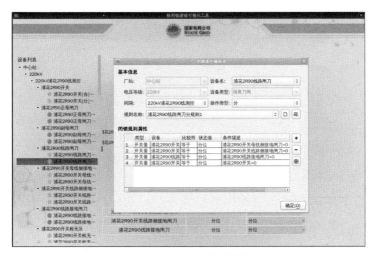

图4-10 当前联闭锁逻辑规则修改

当一次设备为不定态、装置通信中断或检修时，状态模拟区设备实时状态背景颜色变为灰色。模拟置位的设备状态参与联闭锁逻辑条件校验，模拟置位时不影响监控后台对应一次设备的实时状态，退出模拟校验后自动复位所有置位状态。（如图4-11所示）

图4-11 一次设备为不定态、装置通信中断或检修时的界面

第二节

应用案例

下面以某 220kV 变电站为例，介绍联闭锁逻辑可视化展示功能与校验功能的工程应用。

一、联闭锁逻辑可视化展示功能

运检人员可通过本功能模块验证待操作对象的联闭锁满足操作条件，作为消缺、操作卡步时的依据，以"合上 ×× 开关线路侧接地闸刀"为例，具体步骤如下。

（一）进入联闭锁逻辑可视化展示界面

在监控画面接线图找到"×× 开关线路侧接地闸刀"，右键点击该一次设备并点击"联闭锁逻辑可视化"菜单项。

（二）确认联闭锁条件

根据公司联闭锁逻辑要求，断路器两侧接地闸刀的合闸条件为断路器两侧所有闸刀均断开，界面中，该开关的母线侧闸刀与线路侧闸刀均为分位，待操作对象的联闭锁条件满足（如图 4-12 所示）。

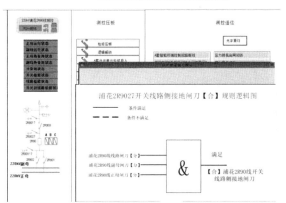

图 4-12 ×× 开关线路侧接地闸刀联闭锁逻辑可视化界面

发现展示信息为"不满足"，应立即停止操作，再次核对逻辑图中相关设备位置，并汇报值长及专业人员进行检查。

二、联闭锁逻辑可视化校验功能

变电运维人员在对监控后台及测控装置中的联闭锁逻辑进行验收时，可通过本功能模块验证待操作对象的联闭锁逻辑，具体步骤如下。

（一）进入联闭锁逻辑可视化校验界面

在监控后台主界面单击"联闭锁逻辑可视化"按钮，启动联闭锁逻辑可视化校验工具，进入时需要进行用户权限验证（如图 4-13 所示）。

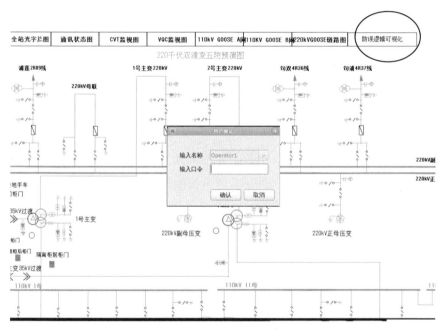

图 4-13　联闭锁逻辑可视化校验入口及用户权限验证界面

（二）验证全站联闭锁条件

通过预置方式，对全站联闭锁条件逐一验证，以下以校验"合上 ×× 开关正母闸刀"的逻辑为例进行说明。

1.核对联闭锁条件与联闭锁文件一致

根据变电站联闭锁文件，双母接线形式下，开关正母闸刀的合闸条件为：开关分位、副母闸刀分位、开关母线侧接地闸刀分位、开关线路侧接地闸刀分位、正母接地闸刀分位；副母闸刀合位、母联开关合位、母联正母侧闸刀合位、母联副母侧闸刀合位。（如图 4-14 所示）

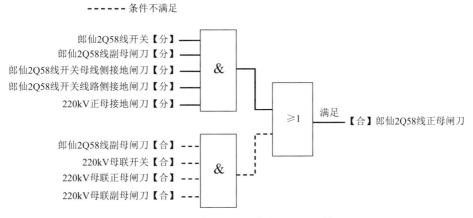

图 4-14　当前联闭锁逻辑规则修改选择

2.验证联闭锁逻辑正确性

通过模拟状态窗口对闸刀置位，该联闭锁逻辑进行穷举式验证，仅当满足上述条件时，联闭锁条件满足，每验证一条逻辑，在相应的验收记录卡中进行记录。

3.消缺

当发现联闭锁条件或逻辑错误时，在树形列表中对该条目点击右键，选择"修改闭锁规则"，由调试人员根据正确的联闭锁逻辑对相应条目进行修改，修改后将自动同步更新监控后台及相应测控装置的联闭锁逻辑文件。

第三节
工程实施要点

联闭锁逻辑可视化功能为变电站运维工作提供了便利，工程中应用该功能时应注意以下几点。

（1）工程调试与验收阶段要依据运维人员提供的联闭锁逻辑规则，对全站所有一次设备进行联闭锁逻辑验证，对配置错误的联闭锁逻辑要及时修改，重新验证正确无误后要确保当前间隔的联闭锁逻辑下装至对应的测控装置中，防止监控后台与测控装置联闭锁逻辑上下不一致的情况发生。

（2）变电站投入运行后，在对联闭锁逻辑可视化功能进行消缺或调试时，应通知检修人员进行处理，使用电力监控系统专用调试工具，申请网安装置挂检修牌，杜绝网络安全告警事件，调试完成后应及时对联闭锁逻辑可视化功能进行校验，经运行人员确认无误后方可入库保存。

（3）监控主机升级、更换前应做好联闭锁逻辑文件的备份，备份文件与监控系统数据库和画面的备份文件同质化管控。

一键顺控操作票不停电校验

一键顺控操作票校验有停电和不停电两种模式，基于电网供电可靠性要求，绝大部分变电站的一键顺控改造不具备停电条件，必须采用不停电验证的方式开展顺控操作票校验。传统的顺控票不停电校验存在安措布置繁杂、设备位置置位难、验证存在误出口风险等难点、痛点，调试人员无法直观掌握顺控票执行的关键过程与节点信息。为降低一键顺控操作票不停电验证的安全风险，提升验证的工作效率，国网浙江省电力公司主导开发了一键顺控操作票可视化校验模块，直观展示不停电验证顺控操作票逻辑和遥控控点关联关系，有效降低了一键顺控改造工作的安全风险，提升了一键顺控改造的现场工作效率。

第一节
功能及技术方案

一、功能描述

一键顺控操作票可视化校验采用镜像库模拟验证方法，一键顺控主机验票时，通过镜像数据库保存当前实时数据库断面，在镜像数据库中模拟顺控票执行全流程，不影响正常运行监视，提升了验票工作效率。执行可视化校验时，一键顺控主机向测控装置下发遥控预置命令，通过监视测控装置的遥控预置结果实现匹配返校，并在界面上实时展示执行结果，验证监控模型和测控通信的同时，实现每一步票面操作的可视化展示。

二、技术方案

一键顺控操作票可视化校验部署在变电站监控主机，使用操作票校核工具对未校核操作票进行可视化校验，校核工具启动时，监控主机保存当前实时数据库断面。模拟校核的所有操作（包括条件和规则判断、单步模拟置数等）都在当前实时数据库断面中进行，不改变实时数据库，监控主机可正常监视全站设备状态。

编辑完成或修改后的一键顺控操作票的状态定义为"未校核"，未校核票校核成功后，其状态变为"已校核"（如图 5-1 所示）。变电站一键顺控实际操作时只允许调用已校核的顺控操作票。一键顺控模块在调用顺控操作票时首先判断顺控操作票的校核状态，只有通过实时 CRC 校核的已校核操作票才允许被调用。

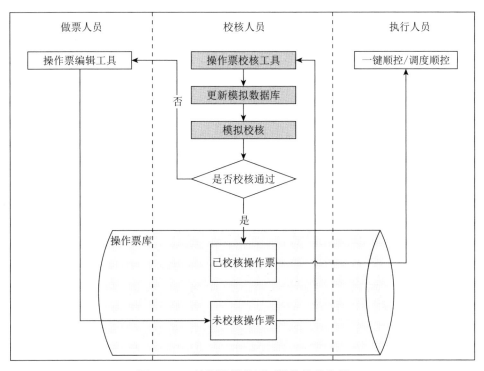

图 5-1 一键顺控操作票可视化校验流程

（一）校核工具

操作票校核工具界面如图 5-2 所示。

图5-2 操作票校核工具界面

左侧树形列表区依次按树形层级关系展示变电站、电压等级、间隔和操作票的名称。未校核的操作票在树形列表上操作票名前显示前缀{未校核};已校核的操作票名前显示前缀{校核人姓名已校核};校核失败的操作票名前显示前缀{CRC校核失败}。在树形列表上选中某个操作票后,右侧区域显示其内容供校核人员验票。(如表5-1所示)

表5-1 操作项目显示内容

操作项目类型	展示内容
遥控	任务描述、动作对象、命令类型、遥控类型(分/合)、遥控校验(一般遥控/检同期/检无压/不检)、执行条件、确认条件、出错处理(立即停止/提示/自动继续)、延时时间、超时时间
软压板切换	任务描述、动作对象、命令类型、动作类型(投入/退出)、执行条件、确认条件、出错处理(立即停止/提示/自动继续)、延时时间、超时时间
提示	任务描述、命令类型、提示类型(确认后继续/确定继续执行或停止执行/画面切换、校核无提示)、执行条件、确认条件、出错处理(立即停止/提示/自动继续)、延时时间、超时时间

(二)模拟校核

一键顺控操作票可视化校验界面基于现有的一键顺控操作界面进行了功

能扩展，通过在当前实时数据库断面自动单步模拟置数的方式模拟操作项目执行结果。在模拟校核时，一键顺控发起方为变电站监控主机，其与智能防误主机、测控装置交互。模拟校核流程包括生成任务、指令校核和智能防误主机校核。（如图 5-3 所示）

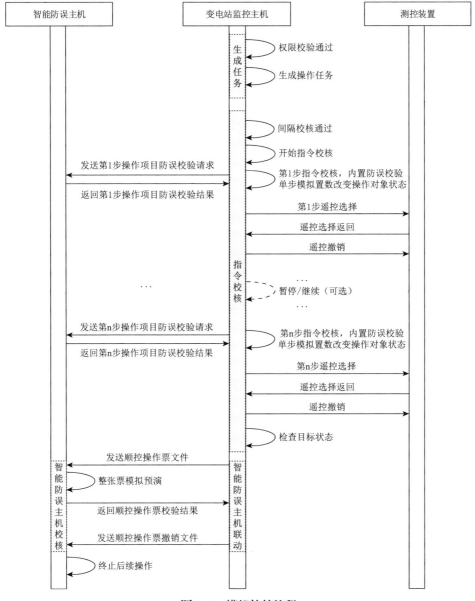

图 5-3　模拟校核流程

顺控操作票模拟校核时，首先根据操作票生成操作任务，若该操作任务要求的当前设备态和操作对象的当前设备态不一致，自动将操作对象置为该操作任务要求的当前状态。操作任务内容可视化展示，展示此操作任务关联的源设备态、目标设备态和闭锁信号包含的所有条件，在每个条件最左侧用图元实时显示该条件是否满足。（如图 5-4 所示）

图 5-4　查看源设备态条件

生成操作任务后，一键顺控操作票可视化校验模块开始执行指令校核。校核时，可对操作条件、目标状态、闭锁信号、操作对象、电流电压等进行人工置数，模拟各种校验场景。指令校核全过程包括启动指令校核、检查操作条件、执行前当前设备态核实、顺控闭锁信号判断、全站事故总判断、单步执行前条件判断、单步监控系统内置防误闭锁校验、单步智能防误主机防误校核、单步模拟置数、单步确认条件判断等环节，全部环节成功后才可确认指令校核完毕。

指令校核时采用单步执行方式，每一步操作指令（包括最后一步）执行结束后弹出提示对话框，由校核人员进行检查确认，对每一步操作内容、操作对象、操作结果进行人工判断，确认后再执行下一步操作。

指令校核时，一键顺控不停电校验模块通过单步模拟置数的方式自动改变当前实时数据库断面中操作对象的状态。单步模拟置数的范围是操作项目中关联的开关、刀闸和软压板，单步模拟置数后的开关、刀闸和软压板状态与一键顺控实际操作时测控装置返回的开关、刀闸和软压板状态一致。监控主机向测控装置发送遥控选择命令，测控装置遥控反校结果后监控主机下发遥控撤销命令，确保所下达的指令无误并保证开关、刀闸和软压板等控制对象不实际出口。

一键顺控操作票可视化校验模块在指令校核时，与一键顺控模块一样均采用双套防误机制校核的原则，一套为监控主机内置的防误逻辑闭锁，另一套为独立智能防误主机的防误逻辑校验。任何一套防误逻辑校验不通过时提示错误并自动暂停操作。若出现操作条件判断不满足、顺控闭锁信号判断不满足、全站事故总判断不满足、单步执行前条件判断不满足、单步确认条件判断不满足等错误时，模块弹出错误提示对话框。（如图5-5所示）

图5-5　内置防误逻辑闭锁校验失败界面

一键顺控操作票可视化校验模块在顺控操作票校核时，顺控分图上会显示当前实时数据库断面中的开关刀闸状态，并以闪烁圆圈提示当前正在操作的设备。全部操作项目单步校核结束后，监控主机向智能防误主机发起模拟预演流程，将顺控操作票文件发送给智能防误主机，智能防误主机对整张票进行防误校核，并将校核结果返回至监控主机。模拟校核成功后，监控主机将该张顺控操作票保存为已校核操作票，并同步在数据库中记录这张操作票的校核状态、校核时间、校核人、CRC 校验码等信息。

（三）CRC 校核

顺控操作票校核工具可对已校核的顺控操作票进行 CRC 校验码巡视。校核工具根据数据库中存储的顺控操作票计算当前操作票内容的 CRC 校验码，并与数据库中记录的该操作票 CRC 校验码进行比较，若不一致则说明该操作票已被修改，校核工具将该张顺控操作票的校核状态修改为"校核失败"。CRC 校核成功后生成校核记录文件，包括校核人员信息和全部操作项目校核信息。

停电方式校核同样可以利用顺控操作票校核工具进行顺控操作票校核，停电校核时，一键顺控程序调用未校核和校核失败操作票，采用单步执行方式，操作票执行成功后自动修改该张顺控操作票的状态为已校核票。

第二节
应用案例

以浙江金华 220kV 塘雅变为例，示范采用一键顺控操作票可视化校验校核操作票库。

一、启动操作票校核工具

在监控主机画面索引界面单击"操作票不停电校核"按钮（如图 5-6 所示），启动操作票校核工具。

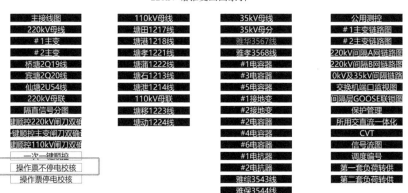

图 5-6 一键顺控操作票可视化校验入口

操作票校核工具启动后如图 5-7 所示。

图 5-7 操作票校核工具界面

二、人工校验操作票内容

在操作票校核工具左侧树形列表上选中某个操作票后，校核人员可查看右侧展示的操作票内容，进行人工验票，人工检查内容包括操作任务信息（操作票名、当前状态、目标状态、版本信息）、操作项目信息和闭锁信号信息（如图 5-8 所示）。

```
操作任务信息:
{
    操作票名 = 金塘2U59线由副母运行倒至正母运行
    当前状态 = 副母运行
    目标状态 = 正母运行
    版本信息 = 230321-102302
    操作项目信息:
    {
        操作项目数: 4
        操作项目(1)
        {
            任务描述 = 合上金塘2U59正母闸刀
            动作对象 = 金塘2U59正母闸刀
            命令类型 = 遥控
            遥控类型 = 合操作
            遥控校验 = 一般遥控
            执行条件 = [金华220kV塘雅变@(间隔)220kV金塘2U59间隔^(Yx)[220kV金塘2U59间隔]正母闸刀@当时值__byValue] = 0
            确认条件 = ( [金华220kV塘雅变@(间隔)220kV金塘2U59间隔^(Yx)[220kV金塘2U59间隔]正母闸刀@当时值__byValue] = 1 ) & ( [金华220kV塘雅变@
            出错处理 = 提示
            延时时间 = 5 (秒)
            超时时间 = 120 (秒)
        }
        操作项目(2)
        {
            任务描述 = 检查金塘2U59正母闸刀确在合上位置 (检查电气指示正确; 检查设备机械位置指示正确)
            命令类型 = 提示
            提示类型 = 校核无提示
            执行条件 =
            确认条件 =
            出错处理 = 提示
            延时时间 = 60 (秒)
            超时时间 = 3600 (秒)
        }
        操作项目(3)
        {
            任务描述 = 拉开金塘2U59副母闸刀
            动作对象 = 金塘2U59副母闸刀
```

图 5-8　操作票内容示例

三、模拟校核

（一）权限校验

在操作票校核工具树形列表上右键单击未校核和校核失败操作票节点，弹出菜单，选中"不停电校核"菜单项，进入模拟校核界面。首先进行用户权限校验（如图 5-9 所示）。

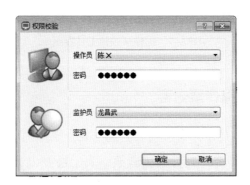

图 5-9　用户权限校验

（二）操作对象校核

权限校验通过后，弹出对话框提示用户输入操作对象名称，进行操作对象校核（如图 5-10 所示）。

图 5-10　操作对象校核

输入的操作对象名称和操作任务所属的间隔名称不一致时提示错误，操作对象校验无误后才允许继续操作。

（三）确认操作任务当前状态

若该操作任务要求的当前设备态和操作对象的当前设备态不一致，弹出对话框提示（如图 5-11 所示）。

图 5-11　任务生成前判断当前状态

选择"是"，自动将操作对象置为该操作任务要求的当前状态，然后自动生成操作任务（如图 5-12 所示）。

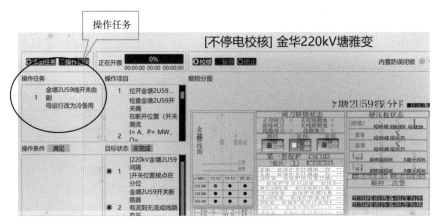

图 5-12　模拟校核生成操作任务

（四）查看操作任务

在操作任务列表中右键单击操作任务，弹出菜单，包括"查看源设备态条件""查看目标设备态条件""查看闭锁信号"和"导出操作任务"菜单项（如图 5-13 所示）。

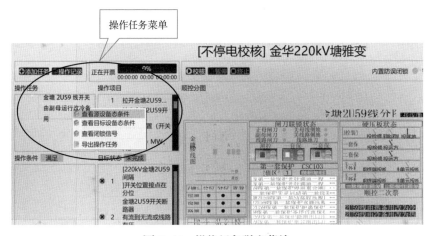

图 5-13　操作任务弹出菜单

选择"导出操作任务"菜单项，弹出窗口显示此操作任务的内容（如图 5-14 所示），与在操作票校核工具中树形列表上单击该操作票后的显示内容相同，校核人员可在此处查看操作票内容。

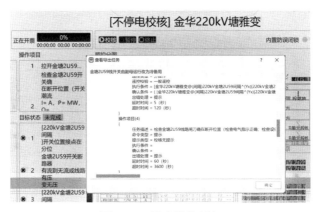

图 5-14 导出操作任务

（五）查看源设备态条件

选择"查看源设备态条件"菜单项，弹出窗口显示此操作任务关联的源设备态包含的所有条件，每个条件最左侧图元实时显示该条件是否满足（如图 5-15 所示）。

图 5-15 查看源设备态条件

（六）查看目标设备态条件

选择"查看目标设备态条件"菜单项，弹出窗口显示此操作任务关联的目标设备态包含的所有条件，每个条件最左侧图元实时显示该条件是否满足（如图 5-16 所示）。

图 5-16　查看目标设备态条件

（七）设置闭锁信号状态

选择"查看闭锁信号"菜单项，弹出窗口展示此操作任务的闭锁信号列表，每个信号最左侧图元实时显示该信号是否满足。右键单击闭锁信号列表中的闭锁信号，弹出右键菜单，可对闭锁信号人工置数（如图 5-17 所示），闭锁信号最左侧图元显示人工置数后闭锁信号是否满足。在间隔分图上以闪烁圆圈提示当前人工置数的闭锁信号，并自动将当前人工置数的闭锁信号显示在可见区域，校核人员通过观察间隔分图上的闪烁图元检查设置的闭锁信号是否正确。

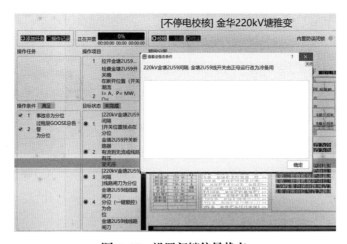

图 5-17　设置闭锁信号状态

（八）设置操作条件状态

右键单击操作条件列表中的操作条件，弹出右键菜单，可对操作条件关联的数据库对象人工置数（如图5-18所示），操作条件最左侧图元显示人工置数后操作条件是否满足。在间隔分图上以闪烁圆圈提示当前人工置数的操作条件，并自动将当前人工置数的操作条件显示在可见区域，校核人员通过观察间隔分图上的闪烁图元检查设置的操作条件是否正确。

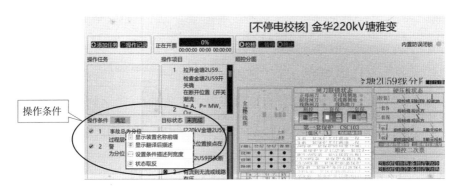

图5-18　设置操作条件状态

（九）设置目标状态

右键单击目标状态列表中的目标状态，弹出右键菜单，可对目标状态关联的数据库对象人工置数（如图5-19所示），目标状态最左侧图元显示人工置数后目标状态是否满足。在间隔分图上以闪烁圆圈提示当前人工置数的目标状态，并自动将当前人工置数的目标状态显示在可见区域，校核人员通过观察间隔分图上的闪烁图元检查设置的目标状态是否正确。

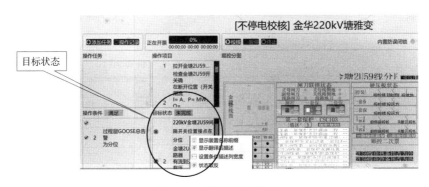

图5-19　设置目标状态

（十）设置开关刀闸状态

右键单击间隔分图上的开关刀闸、软压板、遥信或遥测，弹出右键菜单，可进行人工置数，间隔分图显示置数后的状态

（十一）开始指令校核

单击"校核"按钮，开始指令校核。指令校核时，以闪烁圆圈提示当前正在操作的设备，并自动将当前正在操作的设备显示在可见区域，校核人员通过观察间隔分图上的闪烁图元检查当前操作对象是否正确。

图 5-20 展示采用单步执行方式进行指令校核。每一步操作指令（包括最后一步）执行结束后弹出提示对话框，由校核人员进行检查确认，对每一步操作内容、操作对象、操作结果进行人工判断，确认后再执行下一步操作。

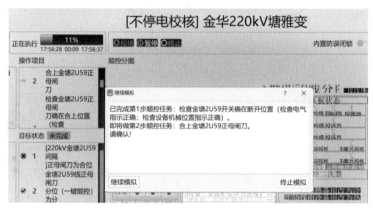

图 5-20 单步执行方式

（十二）检查操作条件、闭锁信号、"事故总"、执行前条件、内置防误闭锁判断结果

单步模拟置数前，若出现操作条件判断不满足、顺控闭锁信号判断不满足、全站事故总判断不满足、单步执行前条件判断不满足、单步监控系统内置防误闭锁校验失败，弹出错误提示对话框，错误提示对话框显示"重试""暂停"和"终止"按钮（如图 5-21 所示）。

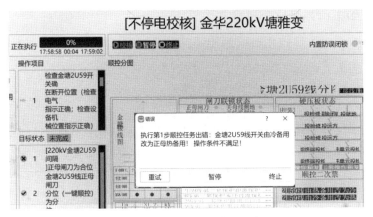

图 5-21 操作条件判断失败界面

单击"重试"按钮可再次执行此操作。单击"终止"按钮可终止模拟校核流程。若需要处理错误提示后继续模拟校核，可单击"暂停"按钮，关闭对话框后模拟校核流程被暂停，此时模拟校核界面上的"暂停"按钮自动切换为"继续"，然后在模拟校核界面上通过手动人工置数改变实时数据库断面中开关刀闸状态、软压板状态、遥信或遥测，使上述条件或规则满足，单击模拟校核界面上"继续"按钮继续模拟校核流程。

（十三）检查智能防误主机防误逻辑校核结果

指令校核时，采用双套防误机制校核的原则，一套为监控主机内置的防误逻辑闭锁，另一套为独立智能防误主机的防误逻辑校验。单步模拟置数前，本步操作经监控主机内置防误逻辑闭锁校验，若校验不通过提示错误，并自动暂停操作，点亮"内置防误闭锁"指示灯。单步模拟置数前本步操作还要经独立智能防误主机防误逻辑校核，校核不通过时提示错误，并自动暂停操作，点亮"智能防误校核"校核失败指示灯，可选择忽略单步智能防误主机防误校核失败的错误提示，权限校验通过后可以继续校核操作。

（十四）检查遥控选择报文

指令校核时，监控主机向测控装置发送遥控选择命令。校核人员在测控装置液晶面板上查看遥控选择报文，检查遥控对象是否正确。

（十五）检查确认条件判断结果

单步模拟置数后，单步确认条件判断不满足时自动暂停执行操作，并弹出提示错误对话框，出错提示对话框上显示"重试""忽略"或"终止"（如图 5-22 所示）。

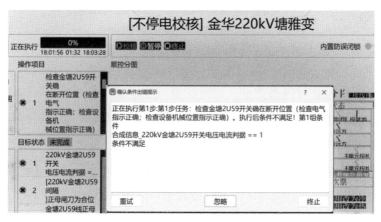

图 5-22　单步确认条件判断不满足界面

通过在间隔分图上对遥测量进行人工置数，实时更新目标状态列表中的断路器位置辅助判据，在目标状态列表中对隔离开关辅助判据进行人工置数，使单步确认条件满足，单击"重试"按钮可重新进行单步确认条件判断。单击"忽略"按钮须进行权限校验，权限校验通过后可忽略此错误，继续模拟校核流程。

（十六）检查智能防误主机联动校核结果

全部操作项目单步校核结束后，弹出对话框提示进行智能防误主机联动校核（如图 5-23 所示）。

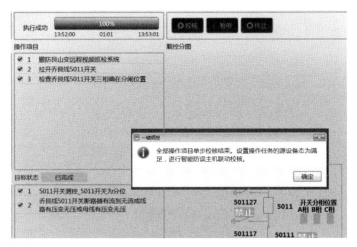

图 5-23　提示进行智能防误主机联动校核界面

监控主机向智能防误主机发起模拟预演流程，将顺控操作票文件发送给智能防误主机，智能防误主机对整张票进行防误校核，并将校核结果返回至监控主机，防误校核不通过时终止模拟校核并提示错误（如图 5-24 所示），点亮"智能防误校核"校核错误指示灯。

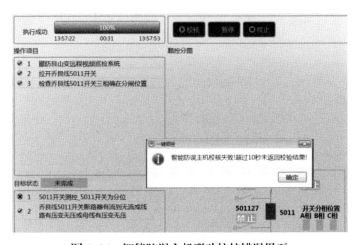

图 5-24　智能防误主机联动校核错误界面

智能防误主机联动校核成功后，弹出对话框提示是否保存为已校核操作票（如图 5-25 所示）。

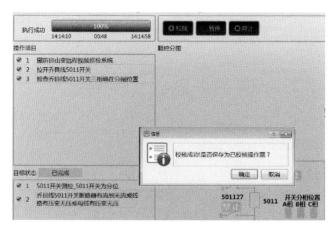

图 5-25 模拟校核成功界面

（十七）校核成功后保存为已校核操作票

单击"确定"按钮后，该操作票被保存为已校核操作票，数据库中记录这张操作票的校核状态、校核时间、校核人、CRC 校验码等信息。

校核成功后，在操作票校核工具中单击工具栏上的"更新全站操作票校核状态"图标，在树形列表上该操作票名前显示前缀【maint 已校核】，并将字体颜色设置为深绿色，图 5-26 表明该操作票已由 maint 校核通过。

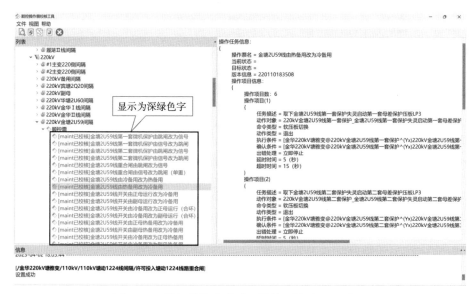

图 5-26 模拟校核成功后的操作票校核工具界面

（十八）校核失败后修改操作票

若模拟校核失败，弹出对话框提示出错信息。校核人员可返回操作票校核工具界面，在树形列表上右键单击该操作票，选择"操作票编辑"菜单，弹出操作票编辑界面对操作票进行修改。

四、CRC 校验码巡视

在操作票校核工具树形列表上右键单击已校核的操作票，选中"CRC 校验码巡视"菜单项，可巡视该操作票的 CRC 校验码。若该操作票被修改，则校核状态显示为"校核失败"。

巡视结束后，在操作票校核工具下方显示巡视报告（如图 5-27 所示），提示该操作票的校核结果为"CRC 校核成功"或"CRC 校核失败"。

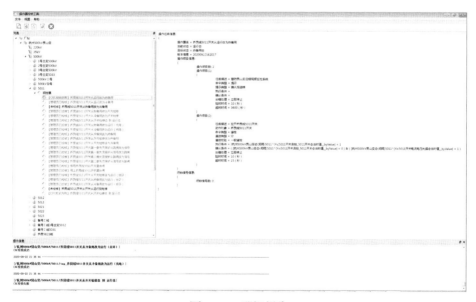

图 5-27 巡视报告

巡视结束后，树形列表上校核失败的操作票名前更新前缀为【CRC 校核失败】。

在操作票校核工具树形列表上右键单击未校核和校核失败的操作票，不显示"CRC 校验码巡视"菜单项。

单击操作票校核工具文件菜单下的"全站操作票CRC校验码巡视"菜单项，巡视所有已校核操作票的 CRC 校验码，未校核和校核失败操作票无须巡视。全部操作票巡视结束后，操作票校核工具下方显示提示信息窗口，给出巡视报告，显示所有操作票的校核结果，同时在树形列表上更新校核状态。

五、查看校核记录

模拟校核成功后，在树形列表上右键单击已校核操作票，选中"校核记录"菜单项，在右侧显示校核记录，显示内容包括校核人员信息和全部操作项目校核信息（如图 5-28 所示）。

图 5-28　校核记录界面

六、导出全站操作票校核文件

全站操作票校验完毕后，单击文件菜单下的"导出全站操作票校核文件"菜单项，可将全站操作票导出为一个文本文件，文件名称格式为：变电站名称操作票校核—年月日—时分秒.txt，例如：金华 220kV 塘雅变操作票校核—230402—181409.txt。

── 第三节 ──

工程实施要点

一键顺控操作票可视化校验为一键顺控改造工作提供了极大便利，为运行人员验证顺控操作票提供了一种有效技术手段，减少了改造工作的停电需求。

一、工程实施安全注意事项

（1）工程实施时要做好全站遥控安全措施，防止发生程序出错导致的误遥控运行设备事件。全站遥控安全措施包括：测控装置切至就地、退出全站遥控出口压板，断开闸刀、地刀操作电源等。

（2）待校核间隔的测控装置在一键顺控操作票可视化校验时需将远方/就地把手切至远方，以完成一键顺控操作票可视化校验模块与测控装置的"预置"命令交互，本间隔的全部顺控操作票验证完成后应立即将测控装置切至就地。

（3）在一键顺控操作票可视化校验过程中，应使用电力监控系统专用调试工具，申请网安装置挂检修牌，杜绝发生网络安全告警事件。

二、操作票管理要求

（1）顺控操作票的修改只能由检修人员开展，运行人员验收，运行人员不得自行修改顺控操作票。

（2）顺控操作票修改前应核对 CRC 码等配置信息，确认监控主机运行过程中顺控操作票未被误改。

（3）顺控操作票修改后应使用不停电校验模块进行校验，经过校验并由运行人员确认无误后方可入库，置"已校核"状态。

三、监控主机升级或更换后的操作票校核

（1）监控主机升级、更换前应做好顺控操作票文件的备份，备份文件与监控系统数据库和画面的备份文件同质化管控。

（2）监控主机升级、更换后应对所有的顺控操作票开展不停电校验，校验通过并经运行人员验收后入库，置"已校核"状态。

## 第六章

二次设备状态全面巡视

智能电网技术的迅猛发展，加快了电力系统二次设备的数字化与智能化进程，电力系统二次设备的重要性更加凸显。二次设备状态巡视是实现状态评价的基础，传统二次设备状态巡视以人工巡视为主，巡视效率不高，耗费运维人员大量精力，因此有必要对二次设备状态巡视技术进行研究，全面实时了解其运行状态是非常必要的。

第一节
功能及技术方案

一、功能描述

二次设备状态全面巡视功能根据运行、检修对全站二次设备的日常巡视与专业巡视作业要求，采用主动巡视的方式，面向 DL/T 860 存量站，依托监控后台实现巡视功能。巡视范围和巡视项目包括装置通信、装置面板灯，光字牌、软压板、保护差流、定值区、设备对时、自检信息、温度光强等。二次设备状态巡视对象如图 6-1 所示。

二、技术方案

二次设备状态全面巡视总体技术方案分为手动一键巡视和周期巡视两种，通过监控后台和运维子站建模，实现运维主站、运维子站、监控后台之间巡视报告生成、召唤、上送、展示等功能。

（一）总体方案
（1）监控后台按照 DL/T 860 技术规范实现监控后台建模。

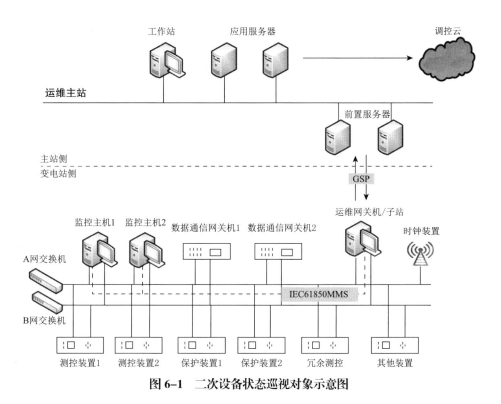

图 6-1 二次设备状态巡视对象示意图

（2）运维子站依据 DL/T 860 存量站全站 SCD（变电站系统配置文件）模型构建运维 SCD 建模（如图 6-2 所示），包括监控后台、IED（智能电子设备）与网关机本身，并以 IEC 61850 MMS 方式与监控后台及其他 IED 通信。

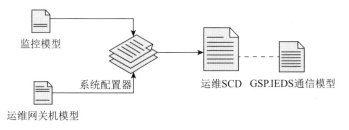

图 6-2 运维 SCD 建模示意图

（3）监控后台手动或周期执行全面巡视，巡视完成后，触发"巡视完成"信号并形成巡视报告。

（4）运维主站收到监控后台的"巡视完成"信号后，可通过运维子站向监控后台召唤巡视报告，实现巡视报告可视化展示。

（5）运维主站和运维子站手动执行一键巡视的遥控操作，待监控后台完成一键巡视操作后，上送巡视告警，运维主站通过运维子站向监控后台召唤巡视报告，运维主站实现巡视报告可视化展示。

（二）全面巡视功能逻辑流程

二次设备全面巡视功能逻辑流程如图 6-3 所示。

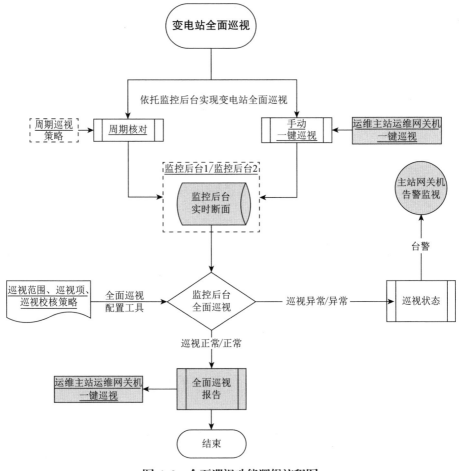

图 6-3 全面巡视功能逻辑流程图

（1）监控后台使用巡视配置工具配置巡视范围、巡视项目、巡视策略及巡视周期。

（2）监控后台全面巡视模块按照配置的巡视范围、巡视项目、巡视策略、巡视周期对全站二次设备进行巡视，四遥信息可选择监控实时库断面进行校核。

（3）监控后台全面巡视模块巡视完成后，触发"巡视完成"信号，并形成巡视报告。

（4）运维主站接收监控后台上送的巡视信号，依据信号时标形成巡视报告文件名，通过运维子站向监控后台召唤巡视报告。

（5）运维主站及运维子站向监控后台下发一键巡视的遥控命令，监控后台收到巡视命令后，对全站二次设备进行巡视，巡视完成后上送巡视信号，运维主站依据信号时标形成巡视报告文件名，向监控后台召唤巡视报告。

（三）全面巡视人机界面与巡视报告展示

全面巡视分为维护人员维护模块与运行人员巡视模块两个部分。

1. 维护模块

维护模块是维护人员维护全面巡视数据的基础配置，可以单独提供配置界面，也可以通过数据库组态来配置。配置包括需要巡视装置的信号分类、巡视信号点、基准值、遥测量范围等。

2. 运行模块

运行模块设计原则为界面简洁，操作简单，可以直观反映异常信号。启动运行界面，可对当前设备进行全面巡视，显示巡视报告（如图6-4所示）。

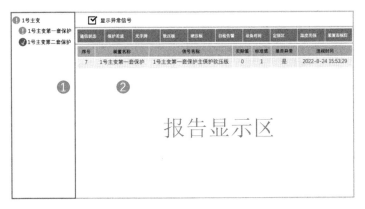

图6-4　巡视报告界面

区域❶——左边树形列表选择具体间隔→装置→分类信号，站内站控系统服务器类、公共测控、网分、时钟和交换机等设备，可定义"其他间隔"；无法归属的设备，归属到"其他间隔"。

区域❷——报告显示区，默认只显示异常信号。

运行人员需要对某个间隔进行单独巡视，只需要在左边树形列表点击右键，弹出菜单点巡视。

（1）巡视界面的巡视项目（分类信号），根据巡视设备类型不同进行分类定制。

（2）巡视报告存储巡视工具中已定制的巡视项目（分类信号）和具体巡视信息。

（3）巡视工具可针对全站、间隔、设备进行分类巡视，巡视内容针对已定制的巡视项目全部巡视，无须再细化选择巡视项目进行巡视。

第二节
应用案例

以浙江衢州 110kV 智慧变为例，该站配置二次设备状态全面巡视功能，监控后台为南瑞科技 NS 5000 系统。

一、巡视范围和基准值配置

（一）巡视范围

在逻辑节点表中，将不需要巡视的设备的"不参与巡视"域打钩（如图6-5所示）。

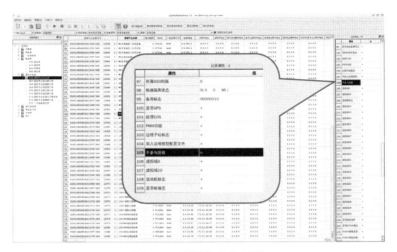

图 6-5　逻辑节点表配置

（二）基准值配置

1. 配置类型关键字

打开巡视配置工具，点击"类型配置"，显示默认的关键字，可根据实际情况修改。根据同一类型下信号点的名称或 reference 的共同点，配置过滤关键字，以"，"分隔，在遥测量后括号内配置上、下限"（下限 | 上限）"，点击确定。（如图 6-6 所示）

图 6-6　基准值配置

2. 自动分类

选择"遥信"或"遥测"tab 页，设备组选择"所有设备组"，点击"自动分类"按钮，可对所有设备组下的信号点根据关键字过滤，自动配置巡视类型、遥测的上下限值。配置后，刷新页面，再对个别无法识别的信号点进行人工调整。对光字牌类型，工具会读取间隔总光字计算表配置的遥信点，进行自动配置。（如图 6-7 所示）

图6-7　自动分类配置

3. 导入基准值

选择"遥信"tab 页，点击"导入基准值"按钮，可以将当前实际值作为基准值导入库（如图 6-8 所示）。

图6-8　导入基准值

个别信号基准值可手动调整,点击右键选择"向下复制"(如图6-9所示)。

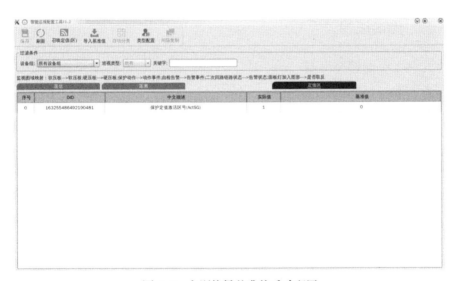

图6-9　个别信号基准值手动配置

4. 间隔复制

先调整好某装置的类型和基准值,点击"间隔复制"按钮,在弹出的对话框中选择要复制当前装置巡视类型和基准值的同类型装置,点击"确定",

自动把当前装置的配置状态复制到选中的装置，提高配置效率。（如图 6-10 所示）

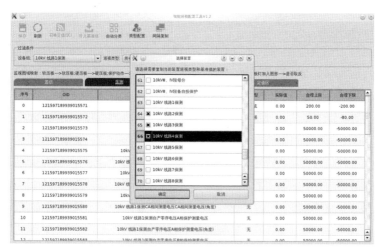

图 6-10 间隔复制

二、智能巡视

（一）全面巡视界面

打开全面巡视界面（如图 6-11 所示）。

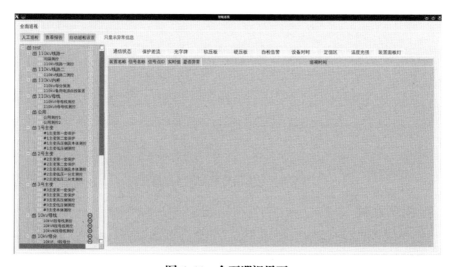

图 6-11 全面巡视界面

装置名前面的图标代表装置的通信状态，不同颜色代表不同的通信状态，绿色为通，红色为断。巡视后左侧树形列表装置名后会出现巡视结果图标，红色！表示有异常，绿色√表示正常，白色 Θ 表示未巡视。

（二）人工巡检

左侧树形列表中选中某装置、间隔、厂站后，点击"人工巡检"按钮，选择巡视类型，可对该装置、间隔内装置、厂站所有装置进行巡视（如图6–12所示）。

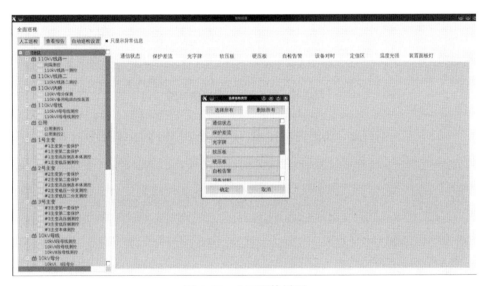

图6-12　人工巡检界面

（三）巡视结果

（1）当巡视结果有异常时，会弹窗巡视异常，在监控告警简报窗推出巡视异常告警信息，巡视结果记录到日志中（如图6–13所示）。

图 6-13　巡视结果有异常界面

（2）巡视结束时，告警窗会提示"巡视完成"信息（如图 6-14 所示）。

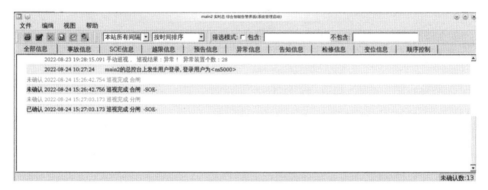

图 6-14　巡视结束告警窗信息显示

（3）巡视后点击左侧列表中装置名称，右侧表格显示该装置本次巡视的结果，有异常的项目会标红，可选择只显示异常信息或显示所有信息（如图 6-15 所示）。

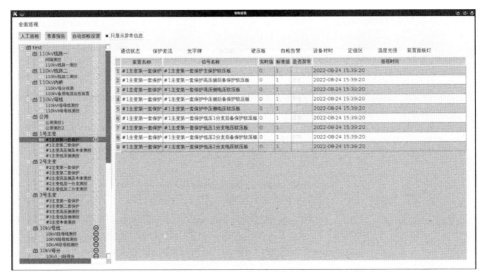

图 6-15　巡视结果界面

（四）自动巡检设置

点击"自动巡检设置"按钮，可对自动巡视的范围和时间、日志保存时间进行设置（如图 6-16 所示）。

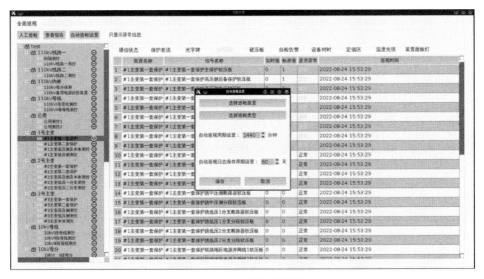

图 6-16　自动巡检设置界面

（五）查看报告

点击“查看报告”标签页，会弹框显示之前的所有巡视报告，选择要查看的报告，报告结果会显示到窗口中（如图 6-17 所示）。

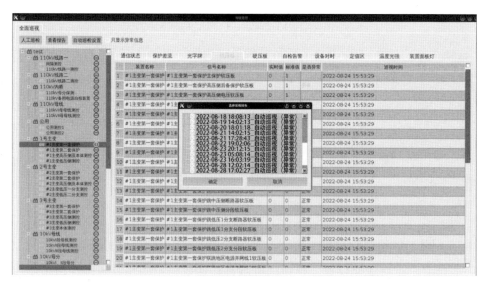

图 6-17　查看报告界面

（六）巡视报告案例展示

巡视报告案例（如图 6-18 所示）。

专业巡视：　装置正常 XX 台　装置异常 XX 台　装置通信中断（不巡视） XX 台　巡视时间 2021年04月29日 01:00

装置名称	与远动网关机通信状态	与EMS通信状态	与远动通信状态	与监控通信状态	设备指示灯	装置温度	装置告警	压板及开入量	对时状态
220kVXXXXX线测控装置1	通信正常	——	无异常	无异常	无异常	无异常	无异常	无异常	无异常
220kVXXXXX线测控装置2	通信正常	——	无异常	无异常	无异常	无异常	无异常	无异常	无异常
220kVXXXXX线保护装置1	通信正常	——	无异常	无异常	无异常	无异常	无异常	无异常	无异常
220kVXXXXX线保护装置2	通信正常	——	无异常	无异常	无异常	无异常	无异常	无异常	无异常
110kVXXXXX线保护装置1	通信正常	——	无异常	有异常	无异常	无异常	有异常	无异常	有异常
110kVXXXXX线保护装置2	通信正常	——	无异常	有异常	无异常	无异常	有异常	无异常	有异常
10kVXXXXX线装置1	通信正常	——	无异常	无异常	无异常	无异常	无异常	无异常	无异常
10kVXXXXX线装置2	通信正常	——	无异常	无异常	无异常	无异常	无异常	无异常	无异常
远动机1	通信正常	无异常	——	——	无异常	无异常	无异常	无异常	无异常
远动机2	通信正常	有异常	——	——	无异常	无异常	无异常	无异常	无异常
监控主机1	通信正常	——	——	——	无异常	——	无异常	——	——
监控主机2	通信正常	——	——	——	无异常	——	无异常	——	——
交换机1	通信正常	——	——	——	无异常	无异常	无异常	无异常	无异常
交换机2	通信正常	——	——	——	无异常	无异常	无异常	无异常	无异常
授时装置1	通信正常	——	无异常	无异常	无异常	无异常	无异常	无异常	无异常
授时装置2	通信正常	——	无异常	无异常	无异常	无异常	无异常	无异常	无异常

图 6-18　巡视报告案例

第三节
工程实施要点

二次设备状态全面巡视为变电站常规巡视提供了极大的便利，可为运行人员展示全方位的巡视结果，不仅提高了巡视效率，也大大保证了巡视人员的人身安全。

一、监控后台技术要求

（1）运维人员在监控主备机上均可以实现全面巡视操作，监控后台的功能不强制部署在监控主机或监控备机上，各厂家可根据各自监控后台机制自行处理。

（2）运维人员在监控主备机上操作后，可通过巡视报告检查结果。

（3）运维人员进行二次设备全面巡视时，可设置设备的巡视范围、装置巡视项、巡视标准值及巡视周期配置等。

（4）监控后台可接收运维主站或运维子站的一键巡视的命令，应在每次巡视结束后触发"巡视完成"信号，并生成巡视报告，巡视报告存放于"/patrol/"，同时实现巡视报告在监控后台的多机同步，自监控后台触发"巡视完成"信号后的 20 秒内，自动完成"巡视完成"信号复归。

（5）运维主站应在收到监控后台上送的"巡视完成"信号后，以文件服务方式通过运维网关机向监控后台召唤巡视报告，巡视报告文件服务路径为"/patrol/"，巡视报告文件命名格式如图 6-19 所示"checkreport_20221204162414.xml"，其中"20221204162414"为报告生成时间 (yyyyMMddhhmmss)。

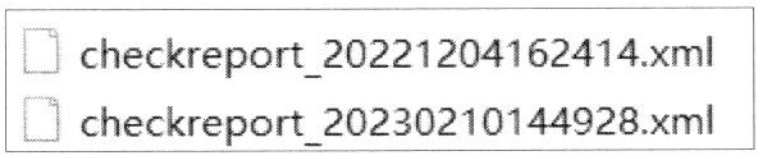

checkreport_20221204162414.xml
checkreport_20230210144928.xml

图 6-19　巡视报告文件命名格式

（6）监控后台、运维子站及运维主站的一键巡视操作应进行用户权限验证。

（7）巡视报告可视化展示画面中的间隔、设备描述应与监控后台命名一致。

（8）装置通信中断、检修时，对应的装置巡视状态应判定为"未巡视"灰色显示。

（9）巡视信号点存在可疑、无效等品质，巡视判定为异常信号。

二、通信协议技术要求

（1）监控后台与运维网关机之间应采用 DL/T 860 通信，应支持文件服务方式交互巡视报告文件。

（2）运维主站与运维网关机之间应采用通用服务协议（GSP）。

## 第七章

一二次设备状态监视

继电保护作为电力系统的第一道防线，装置的各项功能投退必须与系统当前运行方式正确对应，为确保继电保护及安自装置功能正确投入，规定变电人员定期对装置进行巡视。智能变电站大规模推广以来，继电保护装置的大部分压板形态由常规站的硬压板转变成智能站的软压板，传统的运行人工巡视在硬压板时代存在的效率低下、巡视效果不佳等问题在智能站时代更为突显。一二次设备状态监视功能模块的应用，可自动或人工触发判断当前保护及安自装置的状态是否满足一次设备状态的要求，实现电网一二次设备状态与保护及安自装置软压板的自动核对，为变电人员的日常巡视及专业巡视提供有力的辅助。

<hr/>

第一节
功能及技术方案

一、功能描述

一二次设备状态监视功能部署在变电站监控后台，按照"状态感知、逻辑判断、结果输出"的系统架构，通过测控装置采集一次设备和过程层二次设备状态信息，保护及安自装置的站控层信息由监控系统直接采集，利用监控系统信息采集全面的优势，对智能变电站一二次系统状态进行全面的态势感知和预警。该功能模块包括一二次设备状态对应关系监视、软压板智能巡视两项功能。（如图 7-1 和图 7-2 所示）

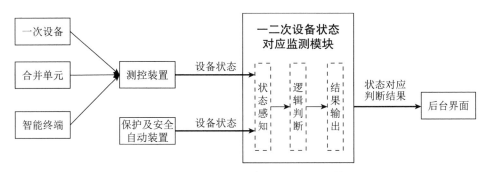

图 7-1　一二次设备状态监视系统架构

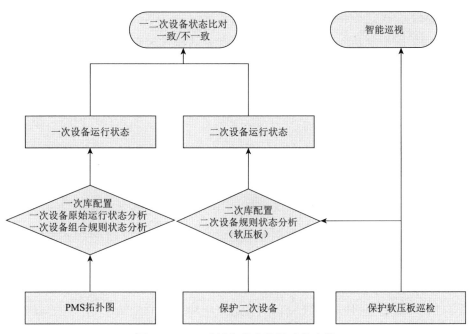

图 7-2　一二次设备状态监视功能分类

一二次设备状态对比功能基于预设的规则，对一次间隔状态与二次设备状态进行实时计算，实现全站一二次设备状态对应关系的实时展示与监视预警。

软压板智能巡视功能通过对二次设备的压板、光字牌、定值、模拟量等信息点与预设的基准值比对，标示巡视结果有异常的二次设备及其内部具体的异常信息点，实现软压板自动巡视。

二、技术方案

（一）基础信息采集

为实现一二次设备状态监视，需准确感知一二次设备的状态信息。开关位置、电压、电流等一次设备信息，可通过测控装置获取；功能压板状态、出口软压板和硬压板状态等二次设备信息，可通过保护及安自装置直接获取。以智能变电站为例，所需信息列举如下。

（1）一次设备开关、刀闸遥信位置。

（2）一次设备电压、电流遥测量。

（3）保护及安自装置本身状态，是否有告警或闭锁，是否投检修。

（4）保护及安自装置功能压板及出口压板状态。

（5）合并单元和智能终端装置本身状态，是否有告警或闭锁，是否投检修。

（6）保护及安自装置、合并单元和智能终端之间是否存在网络链路告警或中断。

（二）一二次设备状态对比功能

对全站一次设备状态和二次设备状态分别定义、建立各状态对应的规则库，然后建立一次设备状态和二次设备状态的对应关系，并对相关测点进行实时比较，对不满足规则库要求的二次设备状态，给出告警提示。

实际工程中，规则库与变电站的接线方式、运行方式相关，需根据现场实际情况编制，总体以一次设备的状态为主导，可分为两大类，一是保护及安自装置状态仅与本间隔的一次设备状态有关，如线路保护；二是保护及安自装置状态与多个间隔的一次设备状态有关，如母差保护、备自投装置。

以110kV内桥接线变电站为例，如 #1 主变运行、110kV 桥开关运行、110kV #1 进线处于冷备用或检修状态，#1 主变保护处于跳闸状态，根据调规及现场运规，运行状态要求为开关合位，冷备用状态要求为开关分位，闸刀分位，相关保护跳该开关的出口压板退出，此时主变保护跳闸状态要求为功能压板投入，跳桥开关出口压板退出，其他压板同正常运行方式。

监控后台根据该要求，监测 #1 进线间隔的开关、刀闸位置，辅以电压、电流遥测量判据，判定 #1 进线处于冷备用或检修状态；监测 #1 主变保护功能压板及出口压板，判断 #1 主变保护处跳闸（跳桥）状态，形成状态对应表。（如表 7-1 所示）

表 7-1　典型一二次设备状态对应表

一次系统 主运行方式	一次系统 子运行方式	二次系统运行方式
#1 主变运行	#1 进线冷备用或检修状态 110kV 桥开关运行	所有常投压板投入 #1 主变第一（二）套保护 跳 #1 进线开关软压板退出 #1 主变第一（二）套保护 #1 进线电流 SV 接收软压板投入 #1 主变第一（二）套保护 跳 110kV 桥开关软压板投入 #1 主变第一（二）套保护 110kV 桥开关电流 SV 接收软压板投入 #1 主变第一（二）套保护 闭锁 110kV 桥备自投软压板投入

以此类推，通过穷举法列出所有一二次设备可能的状态，结合现场运规实际需求，得到变电站内所有一二次设备的状态对应规则库，对库内所有一次间隔及间隔内二次设备的状态进行实时计算。（如图 7-3 所示）

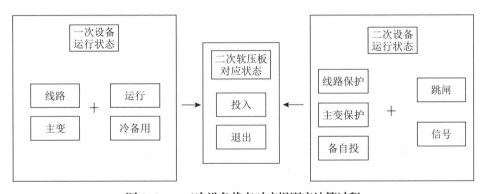

图 7-3　一二次设备状态对应规则库计算过程

计算结果输出至后台监控界面，在主界面中增加一个总监视光字，在总监视光字下设分界面，按间隔显示一二次设备状态对应关系。出现状态不对应时，以弹窗形式告警，并指明具体不对应的状态点。（如图 7-4 所示）

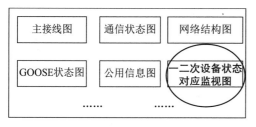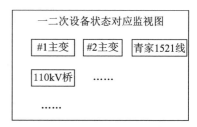

图7-4　一二次设备状态对应监视图

在"一二次设备状态对应监视图"光字下按间隔设置分画面，显示每个间隔是否存在状态不对应。

假设 #1 主变运行时差动保护功能软压板未投入，则上图中"#1 主变"光字红色闪烁，并弹出告警窗（如图 7-5 所示）。

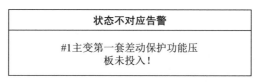

图7-5　一二次设备状态对应告警

状态对应异常消失后，该窗口自动消失。

装置检修状态及通信中断情况下，间隔一二次设备状态监视分图上二次压板应以灰色状态显示，相关状态计算按退出考虑。

（三）软压板智能巡视功能

基于一二次设备状态对比功能的概念，通过将二次设备软压板的状态与预设的状态实时对比，可衍生出压板智能巡视。

在每块软压板的状态图元旁增设一个标记，正常方式下投入状态为红色圆点（图 7-6 中实心圆），退出状态为绿色圆点（图 7-6 中空心圆），标记可由运维技术人员根据系统正常运行方式定期设置更新状态（如图 7-6 所示）。

校核每一块软压板实时状态与软压板正常方式状态标识，校核发现状态不对应时，以弹窗形式告警，并指明具体不对应的软压板，由运维人员确认。

也可进行手动触发巡视，在主接线图中增设一个"压板巡视"按键，关联压板智能巡视菜单，可只选择部分二次设备、部分巡视项目进行快速巡视。

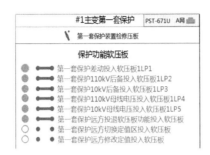

图 7-6 软压板投入/退出图元标记

第二节
应用案例

一、一二次设备状态监视功能

（一）规则库编制

现场变电检修人员应与变电运行人员紧密配合，根据"调规"及现场运行规程、本单位运行习惯，合理编制一二次设备状态对比规则库。以常见的110kV 内桥接线变电站为例，典型规则库应包含的设备如图 7-7 所示。

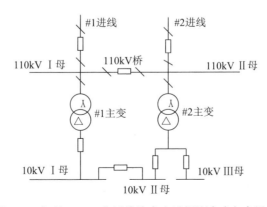

图 7-7 典型 110kV 内桥接线变电站规则库应包含设备

1. 单一间隔类逻辑

（1）110kV #1 进线运行或热备用。

以 110kV#1 进线为例，根据 #1 进线间隔的开关、刀闸位置以及电压、电流遥测量，判定 #1 进线处于运行或热备用状态。大多数情况下，#1 进线开关处于 #1 主变的保护范围，但当 #1 主变停役时，#1 进线只能依靠对侧的线路保护切除故障，因此对本站的保护及安自装置状态并无强制性要求。

（2）110kV #1 进线冷备用或检修。

根据 #1 进线间隔的开关、刀闸位置以及电压、电流遥测量，判定 #1 进线处于冷备用或检修状态，则保护及安自装置状态要求如表 7–2 所示。

表 7-2　110kV #1 进线冷备用或检修时二次设备状态要求

保护及安自装置	状态要求
110kV 备自投	110kV 备自投跳 #1 进线出口软压板退出 110kV 备自投合 #1 进线出口软压板退出
#1 主变第一套保护	#1 主变保护跳 #1 进线软压板退出
#1 主变第二套保护	#1 主变保护跳 #1 进线软压板退出
#1 主变本体智能终端	跳 #1 进线出口硬压板退出

（3）110kV 桥开关运行或热备用状态。

桥开关运行或热备用状态时，保护及安自装置状态与主变运行状态有关。

（4）110kV 桥开关冷备用或检修。

当桥开关冷备用或检修时，部分状态是可以确定的，如表 7–3 所示。

表 7-3　110kV 桥开关冷备用或检修时二次设备状态要求

保护及安自装置	状态要求
110kV 备自投	110kV 备自投跳桥开关出口软压板退出 110kV 备自投合桥开关出口软压板退出
#1 主变第一套保护	#1 主变保护跳 110kV 桥开关软压板退出
#1 主变第二套保护	#1 主变保护跳 110kV 桥开关软压板退出
#1 主变本体智能终端	跳 110kV 桥开关出口硬压板退出
#2 主变第一套保护	#2 主变保护跳 110kV 桥开关软压板退出
#2 主变第二套保护	#2 主变保护跳 110kV 桥开关软压板退出
#2 主变本体智能终端	跳 110kV 桥开关出口硬压板退出

（5）10kV 间隔。

主变 10kV 间隔和 10kV 母线属于主变保护范围内，涵盖于主变状态对应关系中。其余 10kV 间隔包括馈线、并容、消弧、母分等类型，这些类型配置的保护均属单间隔保护，配置保护测控一体化装置。当间隔处于运行或热备用状态时，该间隔的保护应为跳闸状态；处于冷备用或检修时，对保护及安自装置状态并无强制要求。

2. 多间隔类逻辑

（1）主变。

以 #1 主变为例，可根据 #1 主变相关开关、刀闸位置以及电压、电流遥测量，判定 #1 主变处于何种运行状态。采用穷举法列出主变的各种运行状态如表 7-4 所示。

表 7-4 #1 主变相关一二次设备运行方式要求（部分）

一次系统主运行方式	一次系统子运行方式	二次系统运行方式
#1 主变运行	#1 进线运行，110kV 桥开关冷备用	#1 主变第一（二）套保护跳 #1 进线开关软压板投入 #1 主变第一（二）套保护跳 110kV 桥开关软压板退出 #1 主变第一（二）套保护 #1 进线电流 SV 接收软压板投入 #1 主变第一（二）套保护 110kV 桥开关电流 SV 接收软压板投入 110kV 备自投跳 #1 进线开关软压板退出 110kV 备自投合 #1 进线开关软压板退出 110kV 备自投合 110kV 桥开关软压板退出
#1 主变冷备用（或检修）	#1 进线运行（热备），110kV 桥开关运行（热备）	#1 主变第一（二）套保护跳 #1 进线开关软压板退出 #1 主变第一（二）套保护跳 110kV 桥开关软压板退出 #1 主变第一（二）套保护 #1 进线电流 SV 接收软压板退出 #1 主变第一（二）套保护 110kV 桥开关电流 SV 接收软压板退出 110kV 备自投跳 #1 进线开关软压板投入 110kV 备自投合 #1 进线开关软压板投入 110kV 备自投合 110kV 桥开关软压板投入

（2）110kV 备自投。

当 #1 进线开关、#2 进线开关、110kV 桥开关这三个开关均处于运行或热备用状态时，110kV 备自投应处于跳闸状态，对应状态要求如表 7-5 所示。

表 7-5　110kV 备自投状态要求

（#1 进线开关、#2 进线开关、110kV 桥开关均处于运行或热备用状态）

保护及安自装置	状态要求
110kV 备自投	备自投总投入软压板投入 备自投跳 #1 进线出口软压板投入 备自投合 #1 进线出口软压板投入 备自投跳 #2 进线出口软压板投入 备自投合 #2 进线出口软压板投入 备自投合 110kV 桥开关出口软压板投入 备自投总闭锁压板退出

当 #1 进线开关、#2 进线开关、110kV 桥开关这三个开关至少有一个处于冷备用或检修时，备自投应改信号，将上述出口压板均退出，集体要求如表 7-6 所示。

表 7-6　110kV 备自投状态要求

（#1 进线开关、#2 进线开关、110kV 桥开关至少有一个处于冷备用或检修）

保护及安自装置	状态要求
110kV 备自投	备自投跳 #1 进线出口软压板退出 备自投合 #1 进线出口软压板退出 备自投跳 #2 进线出口软压板退出 备自投合 #2 进线出口软压板退出 备自投合 110kV 桥开关出口软压板退出

（二）测试验收

调试人员完成配置后，检修人员与运行人员应对该功能模块进行验收，在监控后台主界面上点击"一二次设备状态监视"按钮，运行程序，进入一二次设备状态界面（如图 7-8 所示）。

通过下述置位操作，对规则库中各项内容逐一进行验收确认。

（1）设置开关、刀闸位置状态，测试一次设备状态是否正确，判断间隔状态是否正确。

（2）设置软压板状态，测试二次设备状态是否正确。

（3）根据一次设备状态、二次设备状态比对，确定一二次设备状态显示不一致状态是否正确。

图 7-8　一二次设备状态监视界面

（4）当条件不满足时，相应窗口应显示"不一致"，并弹出告警报文（如图 7-9 所示）。

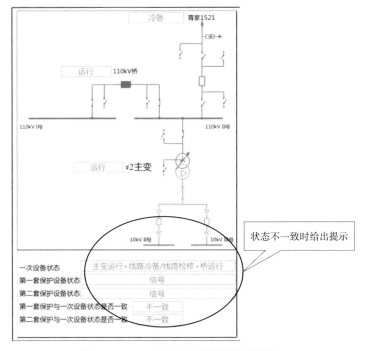

图 7-9　一二次设备状态监视告警界面

二、软压板智能巡视功能

（一）基准值设置

变电运行人员对本站正常运行方式下各保护的软压板投退情况进行整理，形成全站软压板表，设置全站保护软压板状态基准值。可通过点击监控后台界面中的压板红绿点，或使用基准值批量设置工具完成。调试人员依据软压板表，对相应软压板基准值进行设置。（如图 7-10 和图 7-11 所示）

图 7-10　基准值批量设置工具界面

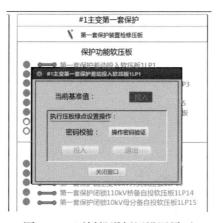

图 7-11　压板投退标记设置界面

（二）智能巡视测试

基准值设置完毕后，变电运行人员在监控后台点击"压板巡视"按钮，打开"压板巡视"工具，进行智能巡视测试（如图 7-12 所示）。

异常巡视结果汇总展示

图 7-12　软压板智能巡视主界面

可选择"巡检所有装置"与"选择装置巡检"，对所有装置或任意装置进行选择巡检，也可以任意选择巡视项目进行巡检，巡视结果异常时，以标红形式在对应文本中提示告警（如图 7-13 所示）。

图 7-13　软压板智能巡视异常问题简报

第三节
工程实施要点

一二次设备状态监视功能可显著减少变电站继电保护装置巡视工作量，并为二次检修人员布置安全措施提供参考，应用该功能时应注意以下几点。

（1）工程调试与验收阶段要依据变电站实际运行方式及地区运维习惯，详细梳理一二次设备状态对应规则库，规则库应经运维工区及专业管理部门审核并留档保存。

（2）调试时应充分核对每一种运行方式下软压板的巡视结果是否正确，确保调试结果正确，避免在变电站运行时出现错误告警误导运行巡视人员。变电站投入运行后，在对一二次设备状态监视及软压板智能巡视功能进行消缺或调试时，应通知检修人员进行处理，需要修改监控主机配置时，应使用电力监控系统专用调试工具，申请网安装置挂检修牌，杜绝网络安全告警事件。

（3）监控主机升级、更换前应做好压板智能巡视配置文件的备份，备份文件与监控系统数据库和界面的备份文件同质化管控。

## 第八章

保护差流巡视

差动保护是电力系统中最常用的一种保护方式，它能够有效地保护电力系统中的各种设备，包括变压器、发电机、母线等。差动保护的原理是比较电流的差值，如果差值超过一定的限值，继电保护装置会动作跳闸，从而隔离故障，保护电力系统的安全运行。一般来说，差流越限指电流差动保护中检测的电流差值超过了设定值，是差动保护中较为常见的故障类型，可能是设备故障或电路接线错误等原因造成的。如果不及时处理差流越限，会扩大故障范围，甚至引起电力事故。

随着电子技术发展，继电保护装置采样精度不断提升，差动保护正常运行时的不平衡电流数值逐渐减小，现有的依靠人工日常巡视的方式难以完成历史数据分析对比，缺乏智能分析手段，整体存在一定的优化空间。保护差流巡视功能的应用有助于提升现场继电保护装置运行管控水平。

第一节
功能及技术方案

一、功能描述

为及时处理保护差流越限告警，避免差流值进一步上升，造成保护动作，可以在监控后台监控主机完成保护差流巡视工作，设置合理的最大差流允许值（运行监视阈值）。当保护差流达到最大差流允许值时提醒运行人员查看保护差流，及时汇报处理，可保障电网可靠运行。

二、技术方案

（一）监控后台保护差流巡视功能

后台画面索引界面增加"保护差流巡视"按钮（如图 8-1 所示）。

图 8-1　差流巡视画面索引

点击"保护差流巡视"按钮会出现图 8-2 所示界面，供运行人员选择需要巡视的间隔，间隔前面的标识状态可以直观标示本间隔的差流状态，绿色代表同类保护差流实际值小于最大差流允许值，红色代表同类保护任意一个差流实际值大于最大差流允许值。

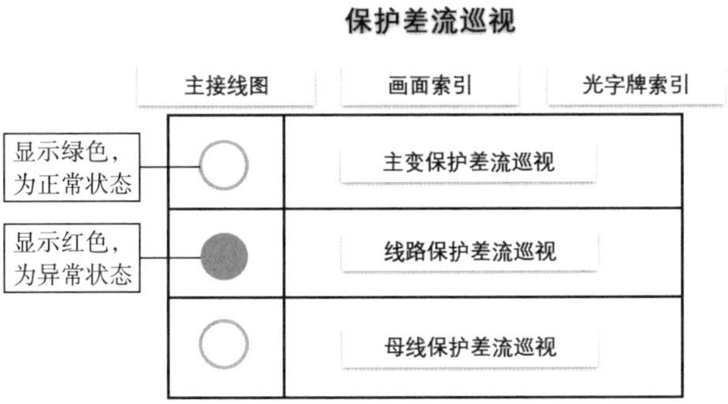

图 8-2　差流巡视功能主界面

以下以主变差流保护巡视功能为例介绍差流巡视功能。点击"主变保护差流巡视"按钮，可进入图 8-3 所示主变保护差流巡视界面。

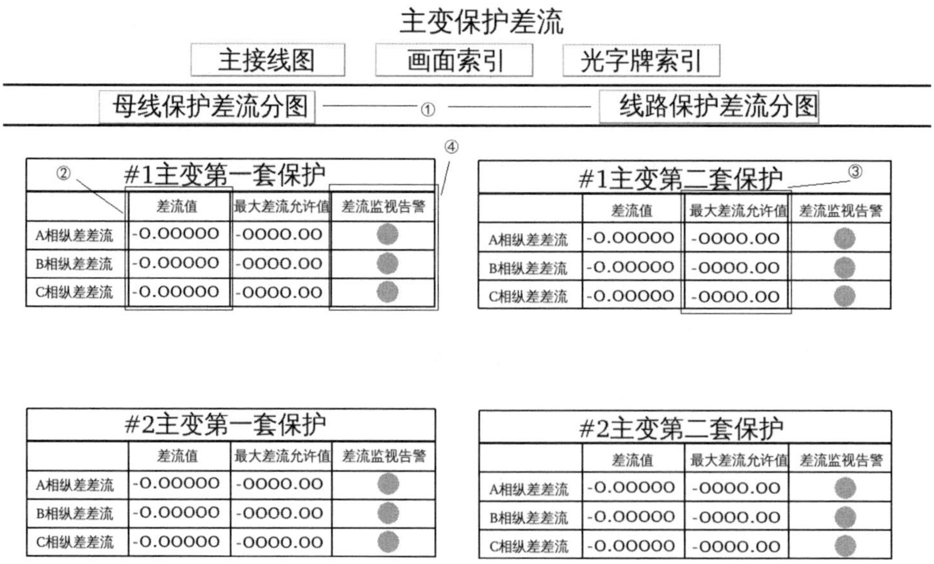

图8-3 主变保护差流巡视

主变保护差流巡视界面需实现以下功能。

图标"①"：分画面需提供链接其他间隔保护差流巡视界面的按钮，要求同类型保护装置差流巡视在一张图中完整体现。

图标"②"：保护差流值实时值，取自后台数据库，需主动上送后台。

图标"③"：最大差流允许值可在画面进行设置，设置时应有相应的账户及权限管控。设置方法如图8-4所示，点中动态数据，右击弹出设置界面，选择"最大差流允许值修改"按钮，进行人工修改操作。

图标"④"：实际差流值大于最大差流允许值显示红色；小于最大差流允许值显示绿色。

图8-4 差流限值设置

监控后台需具备差流越限告警判别条件，装置检修或通信中断状态，不作判断和处理，同时将当前设备的差流实时值颜色置灰色（如图8-5所示）。

#1主变第一套保护

	差流值	最大差流允许值	差流监视告警
A相纵差差流	0.002100	0.10	●
B相纵差差流	0.003000	0.10	●
C相纵差差流	0.002400	0.10	●

图8-5　差流闭锁告警功能

（二）保护差流越限告警窗推送SOE功能

当保护差流达到越限条件时，告警窗会推送该差流越限的SOE告警信号（差流越限告警作为告知类信息），并显示当前差流值，同时数据库越限次数加1。

保护差流告警SOE信号具备"历史查询"功能，历史信息具备相关动作复归记录及每次动作越限的差流数值。

告警信息的内容格式如下

×××第一套线路保护A相差流越限告警（当前差流值：×××；最大允许差流值：×××）

×××第一套线路保护A相差流越限复归（当前差流值：×××；最大允许差流值：×××）

（三）保护差流历史曲线浏览功能

在监控后台界面右键点击差流值，可调出历史曲线功能，对该差流值选择时间进行查询，历史曲线需显示2个数值曲线：差流值、最大差流允许值；显示两个数值：差流最大值、差流最小值，最大值时刻、最小值时刻，时间精确到秒（yyyy-MM-dd hh：mm：ss）。（如图8-6和图8-7所示）

#1主变第一套保护

	差流值	最大差流允许值	差流监视告警
A相纵差差流	0.000000	0.10	
B相纵差差流	-0.002487	0.	
C相纵差差流	0.000000	0.	

遥测
参数检索
遥测封锁
解除封锁
遥测置数
取消置数
最大差值修改
实时曲线
历史曲线

图 8-6 差流曲线选择

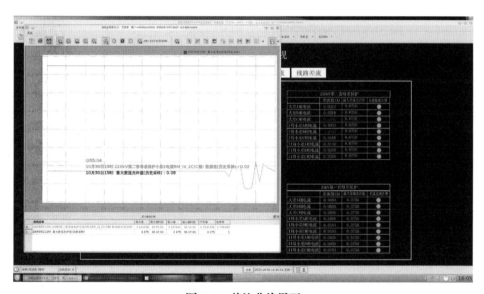

图 8-7 差流曲线界面

（四）保护差流报表显示

监控后台具备"保护差流月报表"功能，可以统计所有保护装置每天的差流越限值，以及历史最大值、最小值，差流越限次数，报表中未越限相位的差流值和差流越限时刻为空。线路保护差流报表格式如图 8-8 所示，主变保护差流报表格式如图 8-9 所示，母线保护差流报表格式如图 8-10 所示。

序号	A相纵差差流	差流越限时刻	B相纵差差流	差流越限时刻	C相纵差差流	差流越限时刻	差流最大允许值	线路A相电流	线路B相电流	线路C相电流
						×××线路第一套保护保护通道—差流越限				
1										
2										
3										
.										
.										
越限次数										
最大值										
最大值时刻										
最小值										
最值时刻										

图 8-8　线路保护差流报表格式

序号	A相差流	差流越限时刻	B相差流	差流越限时刻	C相差流	差流越限时刻	差流最大允许	高压侧A相电	高压侧B相电	高压侧C相电	中压侧A相电	中压侧B相电	中压侧C相电	低压侧支路一	低压侧支路一	低压侧支路一	低压侧支路二	低压侧支路二	..
							×××主变第一套保护差流越限												
1																			
2																			
3																			
.																			
.																			
越限次数																			
最大值																			
最大值时刻																			
最小值																			
最值时刻																			

图 8-9　主变保护差流报表格式

序号	A相大差差流	差流越限时刻	B相大差差流	差流越限时刻	C相大差差流	差流越限时刻	最大差流允许值	.	支路一A相电流	支路一B相电流	支路一C相电流	支路二A相电流	支路二B相电流	支路二C相电流	支路三A相电流	支路三B相电流	支路三C相电流	.	支路N A相电流	支路N B相电流	支路N C相电流
								×××母线第一套保护差流越限														
1																					
2																					
3																					
.																					
.																					
越限次数																					
最大值																					
最大值时刻																					
最小值																					
最小值时刻																					

图 8-10　母线保护差流报表格式

（五）差流巡视报告方案

监控后台建模时，要考虑差流告警信号，一旦产生监控后台差流越限告警，须主动上送该信号至运维网关机，自监控后台触发"差流告警"信号20秒内，自动完成"差流告警"信号复归。

监控后台产生差流越限告警时，自动生成差流异常记录报告，报告需记录差流越限动作情况，并将告警信息按照日周期记录为"clexceptionreport_yyyyMMdd.xml"，存放至 /chaliu/d/ 目录。日差流异常记录报告中保护类型分为线路保护、主变保护、母线保护、保测一体、其他保护。

监控后台每日凌晨（24：00：00）自动更新一次差流月报，统计当月1日至当时的月报信息。监控后台具备差流巡视月报上送功能。差流月报文件记录为"clmonthreport_yyyyMM.xml"，存放至 /chaliu/m/ 目录。

监控后台具备差流异常报告、差流月报告循环存放周期2年功能，并支持运维主站召唤功能。

（六）异常报告及月报文件格式

监控后台具备异常记录和生成月报文件功能。异常报告信息按照日周期记录，存放于"/chaliu/d/"目录，月报告文件存放于"/chaliu/m/"目录。

（七）监控主机建模

监控后台应将告警信号作为主机模型文件中的诊断项，主动上送至运维网关机，并由运维网关机上送运维主站，运维主站可根据越限告警信息召唤监控后台巡视日报告。

第二节

应用案例

以浙江衢州110kV智慧变为例，该站配置主变保护采用差流巡视功能，监控后台为南瑞科技 NS 5000 系统。

一、监控后台保护差流巡视

（一）数据库配置

后台导库时应将与差流相关的遥测项及服务器模型相关遥信解析到后台（如图 8-11 和图 8-12 所示）。

	标识		中文名称	数据值	质量码	厂站	报警名索引号	设备类型名	设备名
43	（432	14244）	1号主变第一套保护纵差流A相纵差差流	0.000156	正常 /	智慧变	其它遥测	线路(交…	#1主变保护A套保护信息差流
44	（432	14245）	1号主变第一套保护纵差流A相纵差流(角度)	0	正常 /	智慧变	其它遥测	线路(交…	#1主变保护A套保护信息纵差流
45	（432	14246）	1号主变第一套保护纵差流B相纵差差流	0.002879	正常 /	智慧变	其它遥测	线路(交…	#1主变保护A套保护信息纵差流
46	（432	14247）	1号主变第一套保护纵差流B相纵差流(角度)	0	正常 /	智慧变	其它遥测	线路(交…	#1主变保护A套保护信息纵差流
47	（432	14248）	1号主变第一套保护纵差流C相纵差差流	0.002357	正常 /	智慧变	其它遥测	线路(交…	#1主变保护A套保护信息纵差流
48	（432	14249）	1号主变第一套保护纵差流C相纵差流(角度)	0	正常 /	智慧变	其它遥测	线路(交…	#1主变保护A套保护信息纵差流

图 8-11　差流相关遥测项解析

	标识		中文名称	数据值	质量码	厂站	加入光字牌	软压板	报警类型索引号	告警方式	设备类型名	设备名
777	（431	30544）	监控主机手动巡视	0	正常 /	智慧变	×		其它通信		其它设备	监控主机监控主机手动巡视
778	（431	30545）	监控主机巡视完成	0	正常 /	智慧变	×	×	其它通信		其它设备	监控主机监控主机巡视完成
779	（431	30546）	监控主机差流告警	0	正常 /	智慧变	×		其它通信		其它设备	监控主机监控主机差流告警

图 8-12　差流相关服务器模型解析

（二）监控画面差流巡视

后台画面索引界面设置"保护差流巡视"按钮，该按钮兼具总光字牌功能，当出现保护差流越限异常时，其呈现为红色。点击"保护差流巡视"按钮，进入保护差流巡视索引界面，间隔前面的标识状态可以直观标示本间隔的差流状态。（如图 8-13 所示）

110kV智慧变画面索引

光字牌索引	主接线图	110kV I段母线	#1主变本体
事故总光字	全面巡视	110kV II段母线	#1主变第一套保护
VQC分图	一键改名	10kV母线	#1主变第二套保护
GOOSE链路图	顺控不停电校核	110kV备自投	#2主变本体
SV链路图	联闭锁逻辑校核	10kV I、II段母分	#2主变第一套保护
全站网络结构图	公用测控	故障解列	#2主变第二套保护
全站网络通讯状态	冗余测控	一体化电源	保护差流巡视

图 8-13　进入保护差流巡视

以主变保护为例，点击"主变保护差流"按钮，进入主变保护差流巡视界面。当主变保护任意一个差流实际值大于最大差流允许值时，巡视索引图的总告警状态为红色。（如图 8-14 和图 8-15 所示）。

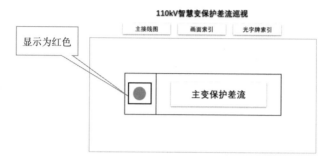

图 8-14　差流告警总览

#2主变第一套保护			
	差流值	最大差流允许值	差流监视告警
A相纵差差流	0.202000	0.10	
B相纵差差流	0.001200	0.10	
C相纵差差流	0.001700	0.10	

图 8-15　差流告警分图

当主变保护差流实际值都小于最大差流允许值时，则巡视索引图的总告警状态为绿色。（如图 8-16 和图 8-17 所示）

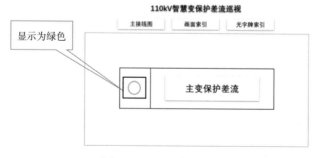

图 8-16　差流告警总览

#2主变第一套保护			
	差流值	最大差流允许值	差流监视告警
A相纵差差流	0.002000	0.10	●
B相纵差差流	0.001200	0.10	●
C相纵差差流	0.001700	0.10	●

显示为绿色

图 8-17　差流告警分图

（三）差流越限告警窗推送 SOE

当主变保护任意一个差流实际值大于最大差流允许值时，告警窗会推送该差流越限的 SOE 告警信号（差流越限告警作为告知类信息）并显示当前差流值（如图 8-18 所示），同时数据库越限次数加 1（如图 8-19 所示）。

图 8-18　差流越限 SOE 告警

	差流名称	装置名称	越限相位	保护类型	最大差流允许值	越限总次数	当月越限次数	归属类型标记	越限标记
1	1号主变第一套保护纵差差流A相纵差差流	1号主变第一套保护	A相	主变保护	0.2	1	1	0	1
2	1号主变第一套保护纵差差流B相纵差差流	1号主变第一套保护	B相	主变保护	0.1	0	0	0	0
3	1号主变第一套保护纵差差流C相纵差差流	1号主变第一套保护	C相	主变保护	0.1	0	0	0	0
4	1号主变第二套保护纵差差流A相纵差差流	1号主变第二套保护	A相	主变保护	0.1	0	0	0	0
5	1号主变第二套保护纵差差流B相纵差差流	1号主变第二套保护	B相	主变保护	0.1	0	0	0	0
6	1号主变第二套保护纵差差流C相纵差差流	1号主变第二套保护	C相	主变保护	0.1	0	0	0	0
7	2号主变第一套保护纵差差流A相纵差差流	2号主变第一套保护	A相	主变保护	0.1	0	0	0	0
8	2号主变第一套保护纵差差流B相纵差差流	2号主变第一套保护	B相	主变保护	0.1	0	0	0	0
9	2号主变第一套保护纵差差流C相纵差差流	2号主变第一套保护	C相	主变保护	0.1	0	0	0	0
10	2号主变第二套保护纵差差流A相纵差差流	2号主变第二套保护	A相	主变保护	0.1	0	0	0	0
11	2号主变第二套保护纵差差流B相纵差差流	2号主变第二套保护	B相	主变保护	0.1	0	0	0	0
12	2号主变第二套保护纵差差流C相纵差差流	2号主变第二套保护	C相	主变保护	0.1	0	0	0	0

图 8-19　越限数据统计

当主变保护差流实际值都小于最大差流允许值时，则告警窗会推送该差流越限的 SOE 复归信号并显示当前差流值（如图 8-20 所示）。

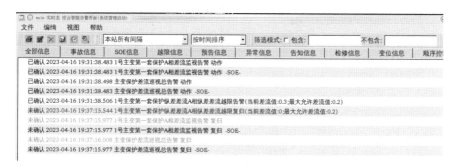

图 8-20　差流复归提示

（四）差流最大允许值修改

选中最大差流允许值动态数据，点击右键弹出设置界面，选择"最大差流值修改"选项进行修改（如图 8-21 所示）。修改最大差流允许值时会弹出权限验证窗口，运维人员验证通过后，方可修改最大差流允许值。修改完成后，更新数据库中最大差流允许值，重新判断当前保护差流是否越限。

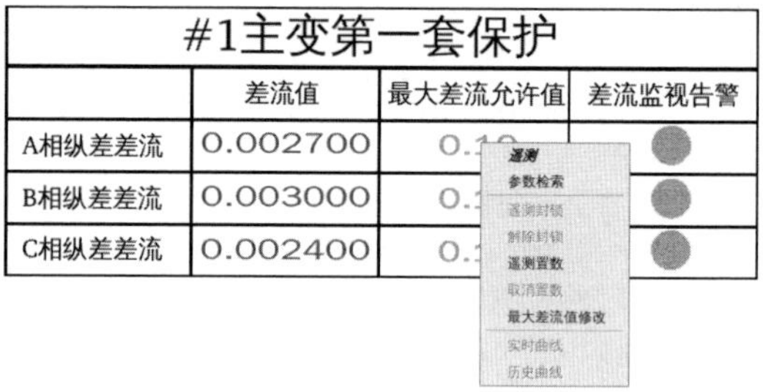

图 8-21　最大差流值修改

（五）差流越限告警判别

主变保护装置检修时或通信中断状态时（如图 8-22 和图 8-23 所示），差流越限不做判断和处理，同时将当前设备的差流实时值置灰色（如图 8-24 所示）。

图 8-22　装置检修情况

中文名称	数据值	质量码	厂站	报警名索引号	设备类型名	设备名	测点名	遥测逻辑节点名
43	1号主变第一套保护纵差差流A相纵差差流	0.3	检修态/	智慧变	其它遥测	线路(交…	#1主变保护A套保护信息纵差差流	A相电流	1号主变第一套保护
44	1号主变第一套保护纵差差流A相纵差差流(角度)	0	检修态/	智慧变	其它遥测	线路(交…	#1主变保护A套保护信息纵差差流	OtherYc	1号主变第一套保护
45	1号主变第一套保护纵差差流B相纵差差流	0.002879	检修态/	智慧变	其它遥测	线路(交…	#1主变保护A套保护信息纵差差流	B相电流	1号主变第一套保护
46	1号主变第一套保护纵差差流B相纵差差流(角度)	0	检修态/	智慧变	其它遥测	线路(交…	#1主变保护A套保护信息纵差差流	OtherYc	1号主变第一套保护
47	1号主变第一套保护纵差差流C相纵差差流	0.002357	检修态/	智慧变	其它遥测	线路(交…	#1主变保护A套保护信息纵差差流	C相电流	1号主变第一套保护
48	1号主变第一套保护纵差差流C相纵差差流(角度)	0	检修态/	智慧变	其它遥测	线路(交…	#1主变保护A套保护信息纵差差流	OtherYc	1号主变第一套保护

图 8-23　装置通信中断情况

显示为灰色 →

#1主变第一套保护			
	差流值	最大差流允许值	差流监视告警
A相纵差差流	0.300000	0.10	●
B相纵差差流	0.002879	0.10	●
C相纵差差流	0.002357	0.10	●

图 8-24　差流实时值提示为灰色

（六）保护差流历史曲线

选中 A 相纵差差流值动态数据，点击右键弹出遥测菜单，选择"历史曲线"选项。历史曲线需显示 2 个数值曲线：差流值、最大差流允许值；显示两个数值：差流最大值、差流最小值，最大值时刻、最小值时刻，时间精确到秒。（如图 8-25 所示）

图 8-25　母差保护差流曲线示例

二、保护差流月报表

运行 MonthReportShow 程序打开"保护差流月报表"工具（如图 8-26 所示），其中左侧树形列表分行展示变电站的保护类型，包括线路保护、主变保护、母线保护、其他保护、保测一体。

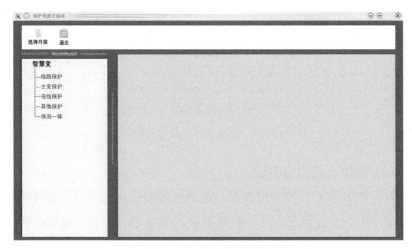

图 8-26　月报打开方式

点击"选择月报"按钮，在弹出窗口中选择月报（如图 8-27 所示），文件后缀默认为月报生成时间。

图 8-27　月报选择

差流报表结果显示如图 8-28 所示。

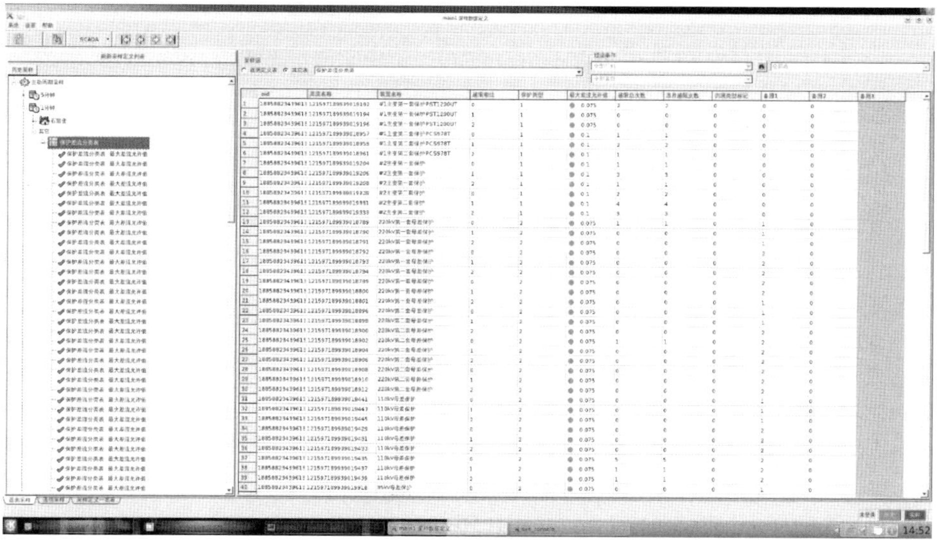

图 8-28　差流月报结果

<hr/>

第三节
工程实施要点

监控后台保护差流巡视功能为变电站常规巡视提供了极大便利，可及时为运行人员展示差流巡视结果，推送差流越限信息，防止事故进一步扩大，极大程度上保证了电力系统的稳定和巡视人员的人身安全。运维人员应用该功能时应注意以下几点。

（1）保护差流数据接入监控后台前检查遥测表空间是否充足。

（2）保护差流数据接入监控后台后，会增加监控系统的通信负荷，运行变电站应确认数据接入后不影响在运行设备的通信。

（3）差流值修改需人员权限。

（4）对监控后台差流分图中的差流遥测数据，检查小数点位数能满足差流正常显示。

（5）保护差流数据接入监控后台后，应验证差流越限告警信息在告警窗正确显示，并发出语音告警。

（6）现场如果具备二次设备远程运维条件，保护差流巡视模块应进行远方触发、上送功能调试，保护差流越限异常时应上送异常结果以实现远方监视。

本书缩略语

1. SCD：全站系统配置文件

2. RCD：远动装置配置描述文件

3. CRC：循环冗余校验

4. CID：IED 实例配置文件

5. CCD：过程层配置文件

6. MCCD：测控装置校验码描述文件

7. GOOSE：IEC 61850 中的一种快速报文传输机制

8. SV：一种用于实时传输数字采样信息的通信服务

9. MMS：一种用于电力系统通信的标准协议，可以用于智能变电站内部各设备之间的通信，也可以用于变电站之间的通信。

10. SNTP：简单网络时间协议